基礎物理学課程
入門コース
電磁気学

田中秀数 著

培風館

本書の無断複写は，著作権法上での例外を除き，禁じられています。
本書を複写される場合は，その都度当社の許諾を得てください。

はじめに

　本書は大学初年次の学生を対象にした電磁気学の入門書である．本シリーズの編集方針に従い，1学期間（12～15回の講義）で学ぶ電磁気学の基礎を書いた．内容は筆者が名古屋大学教養部と東京工業大学の工学系初年次の学生を対象に行った講義の経験と講義ノートを基に選んだ．高校の数学の知識があれば十分に読みこなせるように書いたつもりである．

　電磁気学は力学に比べて内容も多く，また新しい概念が次々と出てくるために理解するのが大変なようである．章立てを見ても，力学は「質点の力学」と「質点系および剛体の力学」の2章であるのに対して，電磁気学では「電荷と電界」，「誘電体」，「電流と磁界」，「磁性体」，「変動する電磁界」の5章立てが普通である．力学は運動方程式や力のつり合いを基本にして問題を考えればよいし，運動や問題設定もイメージしやすい．また高校で習ったことと大きく違わないので馴染みやすい．これに対して電磁気学では，電界，電位，ガウスの法則，磁界，ビオ・サバールの法則，アンペールの法則，ベクトル解析…と重要な概念や法則がめじろ押しで，前のことを理解する間もなく次が出てくる．量だけ比べても，力学を並のラーメンとすれば電磁気学は超大盛りの五目中華というところであろう．内容を理解し味わいながら，残さずに食べるのは大変なことである．

　通常大学初年次の基礎教育では，力学や電磁気学は1学期間で講義されるのが普通である．上に述べたように電磁気学は量が多いので，多くの教科書に記されている内容を頭から講義すると，たいがい磁性体の途中くらいで終わってしまう．無理に全部を教えようとすると，学生が消化不良を起こしてしまう．そこで本書では内容を真空中の電磁気学だけに限り，「電荷と電界」，「電流と磁界」，「変動する電磁界」の3章立てとした．電荷間に働くクーロン力からスタートし，電界や電位といった基本概念とガウスの法則などの基本法則とその応用を

学ぶ．そして基本法則がマックスウェル方程式にまとめられて，これから電磁波が導かれるところをもってゴールとした．真空中だけなので電界 E と磁束密度 B だけしか出てこなく，電束密度 D と磁界の強さ H は出てこない．またジュール熱やキルヒホッフの法則，あるいは交流回路に関係したことは割愛した．そのかわり基本概念と基本法則を十分に理解できるように，例題と問題を多く入れ，解説を丁寧に書いた．

　私達の身のまわりを見てみると，光や電波などの電磁波がかかわった現象が多くあることに気付く．近年のエレクトロニクスの進歩によって，電磁波を用いた装置の方が静電界や静磁界を用いるものより多く見られるようになった．したがって大学初年次の基礎教育としての電磁気学では，誘電体や磁性体などの物質中の電磁気よりも，変動する電磁界の基礎を習得する方が重要度が高いと思われる．

　筆者は電磁気学の講義経験がある程度あるとはいえ，弱輩のうえ電磁気学に造詣が深いわけではない．そのために記述に改善すべきところもあると思う．そのような点にお気付きの場合は，是非お知らせいただきたい．

　なお本書を書くにあたって，電磁気学の教育に情熱を傾けておられた，恩師永田一清先生の編著書を多く参考にさせていただいた．最後に，編集や校正その他にわたり大変お世話になった培風館の松本和宣，高山和浩，米田耕一郎の三氏にはお礼申し上げる．

2000 年 10 月　田中秀数

目 次

1 電荷と電界 　　　　　　　　　　　　　　　　　　　　　　1
　1.1 電　　荷 2
　1.2 クーロンの法則 3
　1.3 電　　界 8
　1.4 電界に関するガウスの法則 17
　1.5 電　　位 26
　1.6 導体と電界 38
　1.7 電 気 容 量 46
　1.8 静電エネルギー 52
　演習問題 1 58

2 電流と磁界 　　　　　　　　　　　　　　　　　　　　　　64
　2.1 電　　流 64
　2.2 電流に作用する力と磁束密度 70
　2.3 磁気モーメント 77
　2.4 ビオ・サバールの法則 81
　2.5 磁束密度に関するガウスの法則 87
　2.6 アンペールの法則 91
　演習問題 2 99

3 変動する電磁界 　　　　　　　　　　　　　　　　　　　　105
　3.1 電磁誘導 106
　3.2 誘導電界 112

3.3	自己誘導と相互誘導	114
3.4	コイルの磁気エネルギー	118
3.5	変位電流	121
3.6	マックスウェルの方程式	124
3.7	電磁波	127
3.8	電磁波のエネルギー	133
	演習問題 3	135

付　録　　　　139

ベクトルの外積 139
極座標 141
ガウスの定理とストークスの定理 142

問題解答　　　　147

索　引　　　　190

1
電荷と電界

　本章では，静止した**電荷**が生み出す時間的に変化しない電気現象を解説する．電気現象の担い手は，**正**と**負**の**電荷**である．通常，物体中には正と負の電荷が同じ量だけ存在する．すなわち，物体は電気的に中性である．正または負の電荷が物体から外に出ていったり，あるいは外から入ってくると，正と負の電荷量のバランスがくずれ，物体は正か負の一方の電荷を余分にもつ．この現象が物体の**帯電**である．

　帯電した物体の間には力が働く．この力は帯電した物体がもつ電荷の間に働く．この電荷と電荷の間に働く基本的な力が**クーロン力**である．本章では，まずクーロン力について述べる．次にクーロン力をもとに，電荷がまわりの空間につくる**電界**について学ぶ．電界の概念は電磁気現象を理解するうえで必要不可欠である．電荷がつくる電界に関しては，重要な**ガウスの法則**がある．電荷分布の対称性がよい場合には，ガウスの法則を応用すると電界を簡単に求めることができる．

　電界が存在する空間には**電位**が定義される．電界と電位は本章で最も重要な部分である．これらの概念を理解し，その求め方を修得できるように，多くの例題を用意した．

　金属のように自由に動くことができる電荷を多くもつ物体が**導体**である．本章の後半では，導体と電荷とからなる系を取り上げ，導体内外の電界と電位，導体に対してできる**コンデンサー**の**電気容量**，そして導体を帯電するのに必要なエネルギーなどを解説する．

1.1 電　荷

プラスチックの下敷きを乾いた布でこすると，髪の毛や紙を引きつけることは誰でも経験したことがあり，よく知っていることである．この現象は，こすることによってプラスチックが**電荷** (electric charge) を帯びたため起こる．物体が電荷を帯びることを**帯電** (electrification) という．帯電した物体の間には力が働く．この力は個々の電荷の間に働く力を足し合わせた力と考えることができる．しかし，この電荷間の力は万有引力のように常に引力ばかりではなく，斥力の場合もある．この力は次のように考えることができる．すなわち，

　自然界には正と負の2種類の電荷が存在し，同符号の電荷どうしは反発し合い，異符号の電荷どうしは引き合う．

この電荷間の力は**静電気力** (electrostatic force) または**クーロン力** (Coulomb's force) とよばれる．その具体的な定式化は次節で述べることにする．物理量には全て単位があり，電荷の単位には**クーロン** [C] が用いられる．

物質は原子から構成されている．そして原子は陽子と中性子からなる原子核と電子から構成されている．この中の陽子と電子が正と負の電荷をそれぞれ担っているのである．陽子と電子のもつ電荷は大きさが同じで符号が異なる．したがって陽子の電荷を e と表せば，電子の電荷は $-e$ と表される．この電荷 e がこれ以上分割できない電荷の最小単位であって，**電気素量** (elementary electric charge) とよばれる．電気素量の値は，

$$e = 1.60217733 \times 10^{-19} \quad [\text{C}] \tag{1.1}$$

である．物質のもつ電荷量は必ずこの電気素量の整数倍になっている[1]．

物体中の陽子と電子の数が等しい場合には，陽子がもつ正電荷の総量と電子がもつ負電荷の総量がバランスしている．これが帯電していない物体の状態である．物体の帯電はこのバランスが破れるために起こる．物体の帯電は電子の移動によって起こるのがふつうである．すなわち外から電子が物体に入ってくると物体は負に帯電し，電子が外に出て行けば正に帯電する．

一般に，物体と物体との間には電荷のやりとりが起こる．最初に述べた下敷

---

[1] この電気素量は非常に小さな量なので，私たちが目にする物体がもつ電荷量は連続的に変わると考えてよい．

1.2 クーロンの法則

きと布のように,はじめは両方とも帯電していないが,こすることによって,電子の移動が起こり,一方が正に,他方が負に帯電する.このとき両方の電荷の総和をとれば 0 になっていて,はじめに両方がもっていた電荷量の総和に等しい.この例のように電荷のやりとりに関して次の法則が成り立つ.

　外界と電荷のやりとりをしない孤立した系では,電荷の移動などによって電荷の空間的分布が変化しても,その系内の電荷量の総和は常に一定に保たれている.
これを**電荷の保存則** (principle of conservation of charge) という.

[例題 1.1.1　物体間での電荷の移動]
　電荷 Q_1 をもつ物体 A と電荷 Q_2 をもつ物体 B とを接触させたところ,物体 A の電荷が Q_1' になった.このとき,物体 B のもつ電荷を求めよ.

[解答]
　接触後の物体 B の電荷を Q_2' とすると,電荷の保存則から接触前後の電荷の総和は等しいので,
$$Q_1 + Q_2 = Q_1' + Q_2'$$
が成り立つ.これから Q_2' は
$$Q_2' = Q_1 + Q_2 - Q_1'$$
と求められる.

問 1.1　例題 1.1 で物体 A から物体 B へ移動した電荷量を求めよ.

問 1.2　次の変化で電荷の保存則から起こり得ないものはどれか.
(a)　電荷 $-e$ をもつ電子と電荷 e をもつ陽電子が同時に消滅して γ 線に変わる.
(b)　電荷 $-e$ をもつ電子が 2 つ同時に消滅して γ 線に変わる.
(c)　電荷 e をもつ中間子が電荷 $-e$ をもつ電子と γ 線に変わる.
(d)　電荷 e をもつ中間子が電荷 e をもつ陽電子と γ 線に変わる.

1.2　クーロンの法則

　電荷をもった小さな物体を**点電荷** (point charge) という.この点電荷の間に働くクーロン力は次のように表される.

静止した2つの点電荷が互いに及ぼし合う力は、両電荷の積に比例し、電荷間の距離の2乗に反比例する。

これを**クーロンの法則** (Coulomb's law) という。クーロン力も当然作用反作用の法則に従うので、点電荷が互いに及ぼし合う力は、2つの点電荷を結ぶ直線に沿っていて、向きが反対で大きさが等しい。

距離 r [m] だけ離れて、2つの点電荷 q_1 [C] と q_2 [C] があるとき、一方が他方に及ぼす力 F [N] は、クーロンの法則から

$$F = k\frac{q_1 q_2}{r^2} \tag{1.2}$$

と表される。比例定数 k は真空中で

$$k = \frac{1}{4\pi\varepsilon_0} \quad [\mathrm{N\,m^2/C^2}] \tag{1.3}$$

と与えられる。ここで ε_0 は**真空の誘電率** (permittivity of vacuum) とよばれる量で、真空中での光の速さ $c = 2.99792458 \times 10^8$ [m/s] を用いて

$$\varepsilon_0 = \frac{10^7}{4\pi c^2} = 8.854187817 \times 10^{-12} \quad [\mathrm{C^2/N\,m^2}] \tag{1.4}$$

と表される。したがって真空中でのクーロン力は

$$F = \frac{1}{4\pi\varepsilon_0}\frac{q_1 q_2}{r^2} \tag{1.5}$$

と書き表される。式 (1.5) は q_1 と q_2 が同符号のときには $F > 0$ となり、力が斥力になることを表している。また、両電荷が異符号のときには $F < 0$ となり、力が引力になることを表している。

力はベクトル量(方向・向き・大きさをもつ量)であるから、電荷 q_1 が q_2 に及ぼす力 $\boldsymbol{F}_{12}$ は

$$\boldsymbol{F}_{12} = \frac{1}{4\pi\varepsilon_0}\frac{q_1 q_2}{r^2}\frac{\boldsymbol{r}_{12}}{r} \tag{1.6}$$

と書き表される。ここで $\boldsymbol{r}_{12}$ は電荷 q_1 から q_2 に向かって引いたベクトルである(図 1.1 参照)。ベクトル $\boldsymbol{r}_{12}/r$ は $\boldsymbol{r}_{12}$ 方向の単位ベクトルを表していて、力 $\boldsymbol{F}_{12}$ の方向を与える。式 (1.5) で与えられる F が $\boldsymbol{F}_{12}$ の大きさ[2] である。電

---

[2] 正しくは F は $\boldsymbol{F}_{12}$ の $\boldsymbol{r}_{12}$ 方向の成分であって、正にも負にもなる。大きさは本来絶対値を表すが、ここでは表現を簡単にするために、絶対値だけではなく正負の符号も含めて大きさという言葉を用いる。次節でも電界の大きさという表現を用いる。

1.2 クーロンの法則

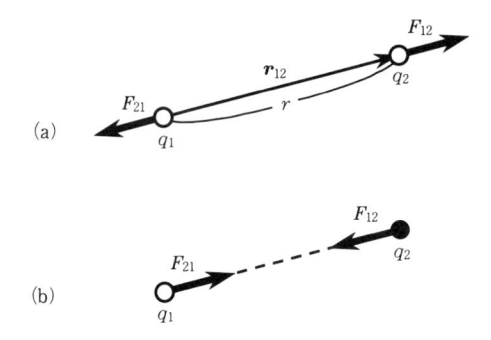

図1.1 2つの電荷 q_1 と q_2 の間に働くクーロン力. (a) は q_1 と q_2 が同符号の場合, (b) は q_1 と q_2 が異符号の場合

荷 q_2 が q_1 に及ぼす力 $\boldsymbol{F}_{21}$ は

$$\boldsymbol{F}_{21} = -\boldsymbol{F}_{12} \tag{1.7}$$

と表される.

次に複数の電荷 $(q_1, q_2, q_3, \cdots, q_N)$ が存在する場合を考えよう (図1.2 参照). 1つの電荷 q_i が他の電荷から受けるクーロン力に関して次の**重ね合わせの原理** (principle of superposition) が成り立つ. すなわち

1つの電荷 q_i が受ける力は, 他の電荷が独立に q_i に及ぼすクーロン力のベクトル和で与えられる.

したがって q_j が q_i に及ぼすクーロン力を $\boldsymbol{F}_{ji}$, q_j から q_i に向かって引いたベクトルを $\boldsymbol{r}_{ji}$ とすれば, 電荷 q_i が受ける力 $\boldsymbol{F}_i$ は

$$\begin{aligned}\boldsymbol{F}_i &= \boldsymbol{F}_{1i} + \boldsymbol{F}_{2i} + \cdots + \boldsymbol{F}_{Ni} \\ &= \frac{1}{4\pi\varepsilon_0}\left(\frac{q_1 q_i}{r_{1i}^2}\frac{\boldsymbol{r}_{1i}}{r_{1i}} + \frac{q_2 q_i}{r_{2i}^2}\frac{\boldsymbol{r}_{2i}}{r_{2i}} + \cdots + \frac{q_N q_i}{r_{Ni}^2}\frac{\boldsymbol{r}_{Ni}}{r_{Ni}}\right) = \sum_{j \neq i}\frac{1}{4\pi\varepsilon_0}\frac{q_j q_i}{r_{ji}^2}\frac{\boldsymbol{r}_{ji}}{r_{ji}}\end{aligned} \tag{1.8}$$

と書き表すことができる.

〔例題 1.2.1 クーロン力〕
1 [C] 点電荷と -1 [C] の点電荷を距離 1 [m] 離しておいたとき, 両電荷間に働くクーロン力を求めよ.

(a)

(b)

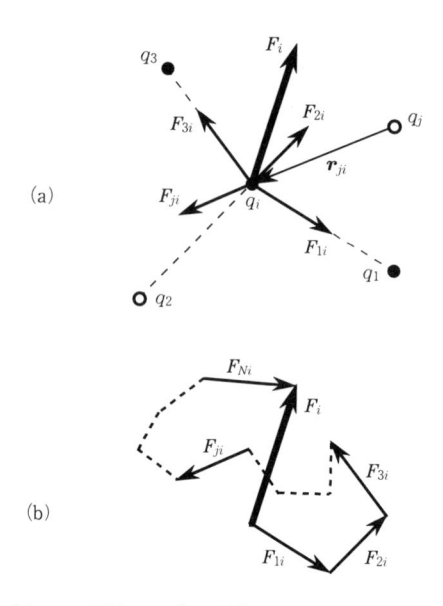

図 1.2 電荷 q_i に他の電荷が及ぼすクーロン力とその合力.

[解答]

式 (1.5) に $q_1 = 1[\text{C}]$, $q_1 = -1[\text{C}]$, $r = 1[\text{m}]$ を代入して，クーロン力は

$$F = \frac{1 \times (-1)}{4 \times \pi \times 8.854 \times 10^{-12} \times 1^2} = -0.899 \times 10^{10} \quad [\text{N}]$$

と求められる．$F < 0$ なので，この力は引力である．

〔例題 1.2.2　クーロン力とつり合い〕

図 1.3(a) のように，長さ l の 3 本の糸の一端に小さな金属球を取り付けて他端を 1 点 O に結びつけ，全体を水平面内におく．3 つの金属球 (A, B, C) に同じ電荷量 q を与えたとき，3 つの金属球は正三角形をなすようにつり合った．このときの糸の張力を求めよ．

[解答]

図 1.3(a) から $\overline{\text{AB}} = \overline{\text{BC}} = \overline{\text{CA}} = \sqrt{3}l$ である．B と C が A に及ぼすクーロン力をそれぞれ $\boldsymbol{F}_{\text{BA}}$, $\boldsymbol{F}_{\text{CA}}$ とすると，その大きさは

$$F_{\text{BA}} = F_{\text{CA}} = \frac{1}{4\pi\varepsilon_0} \frac{q^2}{\left(\sqrt{3}l\right)^2} \tag{1}$$

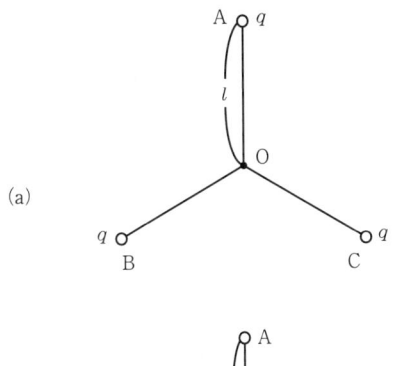

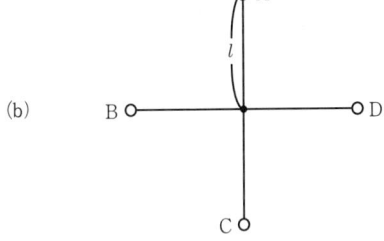

1.3 電界

となる．A に働くクーロン力の合力 $\boldsymbol{F}_A$ は $\boldsymbol{F}_A = \boldsymbol{F}_{BA} + \boldsymbol{F}_{CA}$ で与えられる．$\boldsymbol{F}_{BA}$ と $\boldsymbol{F}_{CA}$ は互いに 60° をなしているので，$\boldsymbol{F}_A$ の大きさは，$F_A = \sqrt{3}F_{BA}$ となる．糸の張力 T は F_A に等しいので，張力は

$$T = \sqrt{3}F_{BA} = \sqrt{3}\left(\frac{1}{4\pi\varepsilon_0}\frac{q^2}{(\sqrt{3}l)^2}\right) = \frac{q^2}{4\sqrt{3}\pi\varepsilon_0 l^2}$$

と求められる．

問 1.3 図 1.3(b) のように，長さ l の 4 本の糸の一端に小さな金属球を取り付けて他端を 1 点 O に結びつけ，全体を水平面内におく．4 つの金属球 (A, B, C, D) に同じ電荷量 q を与えたとき，4 つの金属球は正方形をなすようにつり合った．このときの糸の張力を求めよ．

1.3 電　界

図1.4(a)のように，空間の1点 O に点電荷 Q があり，そこから位置ベクトル r で表される点 P に別の点電荷 q があるとき，Q が q に及ぼす力 F は式(1.6)から

$$F = \frac{1}{4\pi\varepsilon_0} \frac{Qq}{r^2} \frac{r}{r} \tag{1.9}$$

と表される．この力 F を次のように考えてみよう．すなわち，電荷 Q はそこから位置ベクトル r の位置にある点 P に

$$E = \frac{1}{4\pi\varepsilon_0} \frac{Q}{r^2} \frac{r}{r} \tag{1.10}$$

で表される**電界** E (electric field) をつくり，点 P にある電荷 q はこの電界 E から力

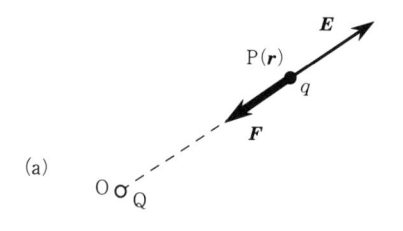

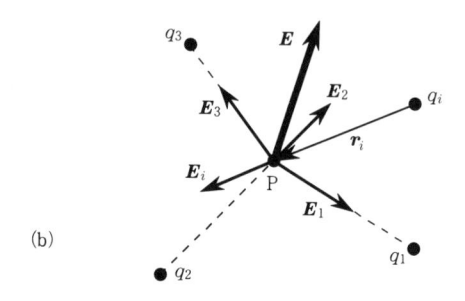

$$F = qE \tag{1.11}$$

図1.4　(a) 電界と力，(b) 複数の電荷がつくる電界

1.3 電界

を受けると考えるのである[3].

電界 E の r 方向成分 E は電界の大きさを表し

$$E = \frac{Q}{4\pi\varepsilon_0 r^2} \tag{1.12}$$

で与えられる．ここで $E>0$ と $E<0$ はそれぞれ電界が O から見て外向きおよび内向きであることを表す．また，電界の単位は式 (1.11) より [N/C] である．式 (1.11) からわかるように，電荷 q が正の場合には，これに働く力 F は電界 E と同じ向きになり，q が負の場合には，F は E と逆向きになる．

次に複数の点電荷 $(q_1, q_2, q_3, \cdots, q_N)$ が存在する場合を考えよう（図 1.4(b) 参照）．空間の任意の点 P に別の点電荷 q をもってくると，これに働く力 F は前節の式 (1.8) から

$$F = \frac{q}{4\pi\varepsilon_0}\left(\frac{q_1}{r_1^2}\frac{\boldsymbol{r}_1}{r_1} + \frac{q_2}{r_2^2}\frac{\boldsymbol{r}_2}{r_2} + \cdots + \frac{q_N}{r_N^2}\frac{\boldsymbol{r}_N}{r_N}\right) \tag{1.13}$$

と与えられる．ここで $\boldsymbol{r}_i$ は点電荷 q_i から点 P に引いたベクトルである．この力を $F = qE$ と書くことにより，点 P での電界 E は

$$\begin{aligned}E &= \frac{1}{4\pi\varepsilon_0}\left(\frac{q_1}{r_1^2}\frac{\boldsymbol{r}_1}{r_1} + \frac{q_2}{r_2^2}\frac{\boldsymbol{r}_2}{r_2} + \cdots + \frac{q_N}{r_N^2}\frac{\boldsymbol{r}_N}{r_N}\right) \\ &= \sum_{i=1}^{N}\frac{1}{4\pi\varepsilon_0}\frac{q_i}{r_i^2}\frac{\boldsymbol{r}_i}{r_i}\end{aligned} \tag{1.14}$$

となる．すなわち，点 P での電界 E はそれぞれの電荷が独立に点 P につくる電界のベクトル和で与えられる．

上の考え方を拡張して，図 1.5 のように電荷が物体の内部または表面上に連続的に分布するとき，点 P にできる電界を求めてみよう．原点 O から $\boldsymbol{r}_i' = (x', y', z')$ の位置に微小体積 $\Delta V_i' = \Delta x_i' \Delta y_i' \Delta z_i'$ をとり，そこでの電荷密度を $\rho(\boldsymbol{r}_i')$ とする．原点 O は問題を解きやすいように適当に決めればよい．また点 P の位置ベクトルを $\boldsymbol{r} = (x, y, z)$ とする．微小体積内の電荷を 1 つの点電荷 q_i と考える

---

[3]このように，電荷 q はその場所に電荷 Q がつくる電界から力を受けるという考え方を**近接作用論**または**媒達説**という．これに対して，電荷 q は途中の空間に関係なく，電荷 Q から直接力を受けるという考え方を**遠隔作用論**または**直達説**という．近接作用論の立場に立って電界を導入すると，電磁気現象は理解しやすくなる．また 3 章で学ぶような時間的に変動する現象を理解するには電界の概念が必要不可欠である．

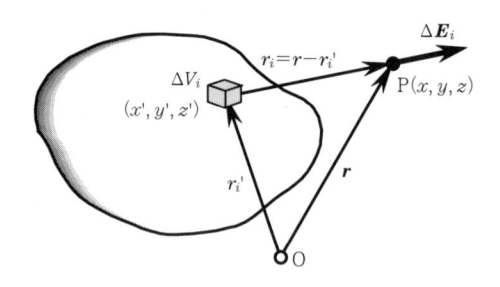

図 1.5 連続的に分布する電荷がつくる電界

と，点 P での電界 $\boldsymbol{E}$ は式 (1.14) で $q_i = \rho(\boldsymbol{r}'_i)\Delta V'_i$, $\boldsymbol{r}_i = \boldsymbol{r} - \boldsymbol{r}'_i$ とすることによって

$$\boldsymbol{E} = \sum_{i=1}^{N} \frac{1}{4\pi\varepsilon_0} \frac{\boldsymbol{r} - \boldsymbol{r}'_i}{|\boldsymbol{r} - \boldsymbol{r}'_i|^3} \rho(\boldsymbol{r}'_i) \Delta V'_i \tag{1.15}$$

と表される．ここで微小体積を無限に小さくすれば，電荷分布は実際の連続的な分布になる．これは式 (1.15) で $\sum \to \int$, $\Delta V'_i \to dV' = dx'dy'dz'$ とすればよいので，電界 $\boldsymbol{E}$ は，

$$\begin{aligned}\boldsymbol{E} &= \int_V \frac{1}{4\pi\varepsilon_0} \frac{\boldsymbol{r} - \boldsymbol{r}'}{|\boldsymbol{r} - \boldsymbol{r}'|^3} \rho(\boldsymbol{r}') \, dV' \\ &= \int_V \frac{1}{4\pi\varepsilon_0} \frac{\boldsymbol{r} - \boldsymbol{r}'}{|\boldsymbol{r} - \boldsymbol{r}'|^3} \rho(\boldsymbol{r}') \, dx'dy'dz' \end{aligned} \tag{1.16}$$

となる．この積分は，電荷が分布している物体の占める空間 V（あるいは表面）について行う．電界 $\boldsymbol{E}$ の x, y, z 成分は，それぞれ

$$\begin{aligned}E_x &= \int_V \frac{1}{4\pi\varepsilon_0} \frac{x - x'}{\left(\sqrt{(x-x')^2 + (y-y')^2 + (z-z')^2}\right)^3} \rho(x',y',z') \, dx'dy'dz' \\ E_y &= \int_V \frac{1}{4\pi\varepsilon_0} \frac{y - y'}{\left(\sqrt{(x-x')^2 + (y-y')^2 + (z-z')^2}\right)^3} \rho(x',y',z') \, dx'dy'dz' \\ E_z &= \int_V \frac{1}{4\pi\varepsilon_0} \frac{z - z'}{\left(\sqrt{(x-x')^2 + (y-y')^2 + (z-z')^2}\right)^3} \rho(x',y',z') \, dx'dy'dz' \end{aligned} \tag{1.17}$$

と表される．電荷が分布する物体の形と電荷密度 $\rho(x',y',z')$ がわかれば，式 (1.16) あるいは (1.17) から電界を計算することができる．

1.3 電界

電気力線

図 1.6 に示されるように，電界ベクトル E を連ねて行くと一つの曲線が得られる．この曲線を**電気力線** (line of electric force) とよぶ．ある点 P の電界の大きさが E であるとすると，電気力線は P を中心とした電界に垂直な単位面積あたり E 本となるように引く．電気力線には次の性質がある．

(1) 電気力線上の任意の点における接線は電界ベクトル E の方向と一致する．

(2) 電気力線は正電荷に始まり，負電荷または無限遠に向かう．あるいは無限遠から来て負電荷で終わる．

(3) 電気力線は互いに交わることはない．また電荷のないところで始まったり終わったりしない．

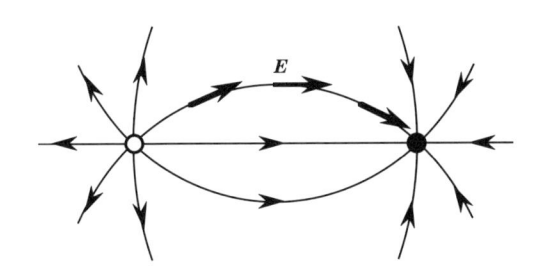

図 1.6 電界と電気力線

〔例題 1.3.1 2 つの点電荷がつくる電界〕

図 1.7(a) のように，x 軸上の 2 点 P_1 $(-a, 0)$ と P_2 $(a, 0)$ に同じ q の電荷があるとき，y 軸上で原点 O から r だけ離れた点 P での電界を求めよ．

[解答]

P_1 と P_2 にある電荷 q が点 P につくる電界をそれぞれ E_1, E_2 とする．図からわかるように，E_1 と E_2 は大きさが等しく y 軸に関して対称である．したがって点 P での電界 E は y 軸に平行である．E_1 の大きさは

$$E_1 = \frac{q}{4\pi\varepsilon_0(r^2+a^2)}$$

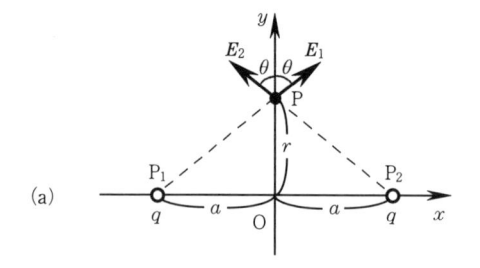

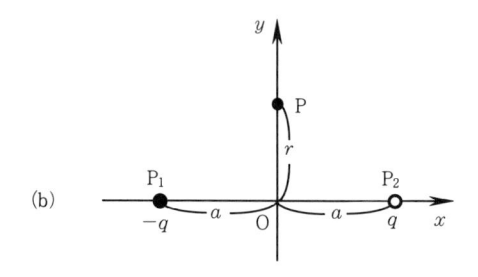

図 1.7 2つの点電荷がつくる電界

である．E_1 と E_2 が y 軸となす角を θ とすると

$$\cos\theta = \frac{r}{\sqrt{r^2+a^2}}$$

である．これから，点 P での電界 E の大きさは

$$E = 2E_1\cos\theta = \frac{qr}{2\pi\varepsilon_0(r^2+a^2)^{3/2}}$$

と求められる．

問 1.4 図 1.7(b) のように x 軸上の 2 点 P_1 $(-a, 0)$ と P_2 $(a, 0)$ に $-q$ と q の電荷があるとき，y 軸上で，原点 O から r だけ離れた点 P での電界を求めよ．

〔例題 1.3.2　**直線上に分布した電荷がつくる電界**〕

図 1.8(a) のように x 軸上に長さ $2a$ にわたって電荷が一様に線密度 λ で分布している．y 軸上で，原点 O から r だけ離れた点 P での電界を求めよ．

1.3 電　　界

(a)

(b)

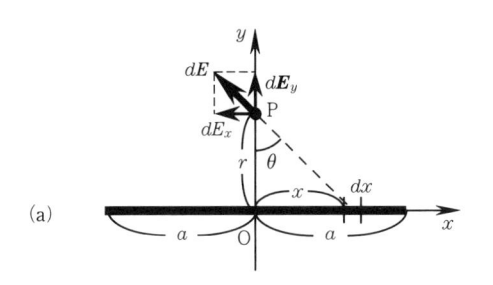

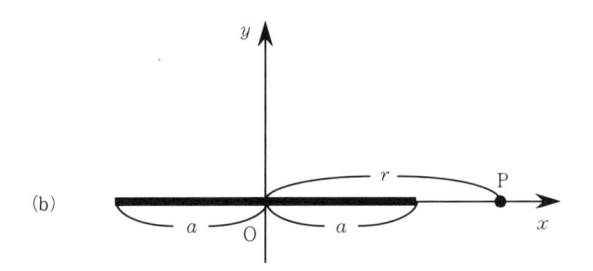

図 1.8　直線上に分布した電荷がつくる電界

[解答]

　x 軸上で原点 O から x の位置に微小部分 dx を考える．この微小部分がもつ電荷 λdx が点 P につくる電界の強さは

$$dE = \frac{\lambda dx}{4\pi\varepsilon_0(r^2 + x^2)}$$

となる．これを x 成分と y 成分に分けると

$$dE_x = -\frac{\lambda dx}{4\pi\varepsilon_0(r^2 + x^2)}\sin\theta = \frac{-x}{4\pi\varepsilon_0(r^2 + x^2)^{3/2}}\lambda dx$$

$$dE_y = \frac{\lambda dx}{4\pi\varepsilon_0(r^2 + x^2)}\cos\theta = \frac{r}{4\pi\varepsilon_0(r^2 + x^2)^{3/2}}\lambda dx$$

となる．これから E_x と E_y は

$$E_x = \int dE_x = \int_{-a}^{a} \frac{-x}{4\pi\varepsilon_0(r^2 + x^2)^{3/2}}\lambda dx \tag{1}$$

$$E_y = \int dE_y = \int_{-a}^{a} \frac{r}{4\pi\varepsilon_0(r^2 + x^2)^{3/2}}\lambda dx \tag{2}$$

となる．この 2 式は、式 (1.17) で $\boldsymbol{r} = (0, r, 0)$, $\boldsymbol{r}' = (x, 0, 0)$ とおくことにより直接求めることもできる．式 (1) の積分は被積分関数が奇関数であるので 0 となる．したがっ

て $E_x = 0$ である．これは位置 x と $-x$ の微小部分がつくる電界の x 成分が互いに打ち消し合うことによる．

$x = r\tan\theta$ の関係から
$$dx = \frac{r}{\cos^2\theta}d\theta$$
となるので式 (2) の積分は
$$E_y = \int_{-\theta_0}^{\theta_0} \frac{\lambda}{4\pi\varepsilon_0} \frac{r}{r^3\left(\dfrac{1}{\cos^2\theta}\right)^{3/2}} \frac{r}{\cos^2\theta}d\theta$$
$$= \frac{\lambda}{4\pi\varepsilon_0 r}\int_{-\theta_0}^{\theta_0}\cos\theta d\theta = \frac{\lambda}{2\pi\varepsilon_0 r}\sin\theta_0$$

となる．ここで θ_0 は $x = a$ での θ である．$\sin\theta_0 = a/\sqrt{r^2+a^2}$ の関係があるから，E_y は
$$E_y = \frac{\lambda}{2\pi\varepsilon_0 r}\frac{a}{\sqrt{r^2+a^2}}$$
と求められる．電荷分布が無限に長い場合には，$a \to \infty$ とすることによって
$$E_y = \frac{\lambda}{2\pi\varepsilon_0 r}$$
となる．

問 1.5 図 1.8(b) のように，x 軸上に長さ $2a$ にわたって電荷が一様に線密度 λ で分布している．x 軸上で，原点 O から $r\,(r > a)$ だけ離れた点 P での電界を求めよ．

〔例題 1.3.3 **円輪上に分布した電荷がつくる電界**〕
半径 a の円輪上に電荷が一様に線密度 λ で分布している．円輪の中心軸上で円輪の中心 O から距離 z の点 P での電界を求めよ．

[解答]
図 1.9(a) のように円輪上に基準点 O′ をとり，ここから円輪に沿って距離 s の位置に微小部分 ds を考える．この微小部分がもつ電荷 λds が P につくる電界の強さは
$$dE = \frac{1}{4\pi\varepsilon_0}\frac{\lambda ds}{(a^2+z^2)}$$
である．これを中心軸方向成分と中心軸に垂直な成分とに分けて円輪全体で加えると，垂直成分は円輪の中心 O の反対側の微小部分がもつ電荷がつくる垂直成分と打ち消し合い，結果として中心軸方向成分だけが残る．したがって P での電界は，
$$E = \oint \frac{1}{4\pi\varepsilon_0}\frac{\lambda\cos\theta}{(a^2+z^2)}ds = \frac{\lambda z}{4\pi\varepsilon_0(a^2+z^2)^{3/2}}\oint ds$$

1.3 電界

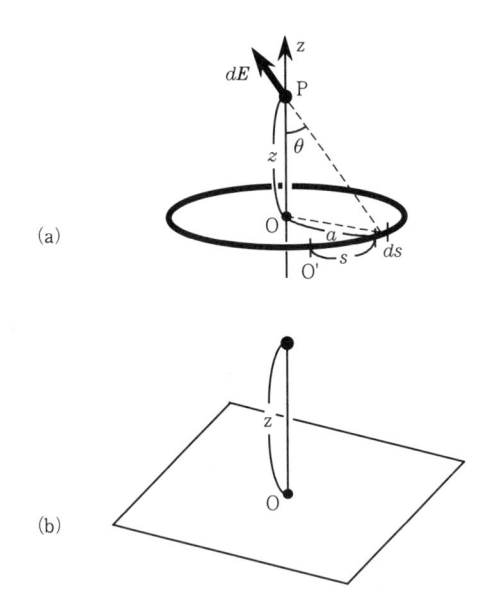

図1.9 (a) 円輪上および (b) 平面上に分布した電荷がつくる電界

を計算すれば求められる．ここで $\oint ds$ は s についての円輪一周にわたる積分を表す．この値は円輪の周の長さに等しいので $\oint ds = 2\pi a$ である．これから電界 E は

$$E = \frac{\lambda a z}{2\varepsilon_0 (a^2 + z^2)^{3/2}}$$

と求められる．

問 1.6 無限に広い平面上に電荷が一様に面密度 σ で分布している．平面から距離 z の点 P の電界を求めよ．
(ヒント) 平面を O を中心とする半径 r，幅 dr の円輪に分割し，上の例題の結果を用いる．

〔例題 1.3.4 **球殻に分布した電荷がつくる電界**〕
半径 a の球殻に総量 Q の電荷が一様に分布している．球殻の中心 O から距離 r の点 P での電界を求めよ．

[解答]

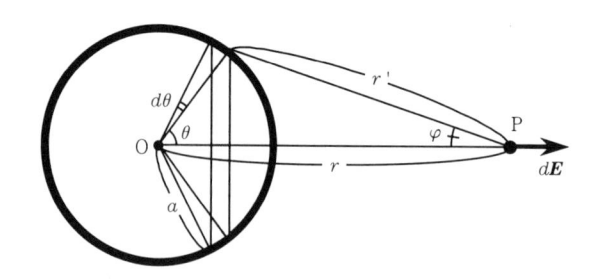

図 1.10 球殻に分布した電荷がつくる電界

図 1.10 に示されたように，OP となす角が θ と $\theta + d\theta$ の間にある円輪部分の電荷 dQ は，電荷の面密度を σ とすると

$$dQ = \sigma \times (2\pi a \sin\theta) \times (a d\theta) = 2\pi a^2 \sigma \sin\theta d\theta \tag{1}$$

となる．例題 1.3.3 の結果から，この円輪上の電荷 dQ が P につくる電界 $d\boldsymbol{E}$ は OP 方向に平行でその大きさ dE は，円輪と P との距離を r' とすると

$$dE = \frac{1}{4\pi\varepsilon_0}\frac{dQ}{r'^2}\cos\varphi \tag{2}$$

である．OP の距離を r とすると

$$\cos\varphi = \frac{r - a\cos\theta}{r'} \tag{3}$$

の関係がある．r' は余弦定理から

$$r'^2 = a^2 + r^2 - 2ar\cos\theta \tag{4}$$

である．式 (1) から (4) より，P の電界 E は

$$E = \int dE = \int_0^\pi \frac{1}{4\pi\varepsilon_0}\frac{2\pi a^2 \sigma(r - a\cos\theta)}{(a^2 + r^2 - 2ar\cos\theta)^{3/2}}\sin\theta d\theta \tag{5}$$

となる．この積分は，$x = r - a\cos\theta$ とおくことによって

$$E = \frac{a\sigma}{2\varepsilon_0}\int_{r-a}^{r+a}\frac{x dx}{(a^2 - r^2 + 2rx)^{3/2}} \tag{6}$$

となる．右辺の積分を x で部分積分すると

$$\int_{r-a}^{r+a}\frac{x dx}{(a^2 - r^2 + 2rx)^{3/2}} = \left[-\frac{x}{r\sqrt{a^2 - r^2 + 2rx}}\right]_{r-a}^{r+a} + \int_{r-a}^{r+a}\frac{dx}{r\sqrt{a^2 - r^2 + 2rx}}$$

1.4 電界に関するガウスの法則

$$= \left[-\frac{x}{r\sqrt{a^2-r^2+2rx}}\right]_{r-a}^{r+a} + \left[\frac{\sqrt{a^2-r^2+2rx}}{r^2}\right]_{r-a}^{r+a}$$

$$= -\frac{1}{r} + \frac{r-a}{r|r-a|} + \frac{r+a}{r^2} - \frac{|r-a|}{r^2}$$

となる.これと $Q = 4\pi a^2 \sigma$ の関係を用いると,電界 E は

$$E = \begin{cases} \dfrac{Q}{4\pi\varepsilon_0 r^2} & (r > a) \\ 0 & (r < a) \end{cases} \tag{7}$$

と求められる.点 P が球殻の外側にあるときには,電界は球殻の中心 O に点電荷 Q がある場合と同じになる.これに対して P が球殻の内側にあるときには,電界は打ち消し合うために 0 になる.

問 1.7 半径 a の球全体に総量 Q の電荷が一様に分布している.球の中心 O から距離 r の点 P での電界を求めよ.
(ヒント) 球を薄い球殻を積み重ねたものと考えて,上の例題の結果を用いる.

1.4 電界に関するガウスの法則

図 1.11(a) のように,点電荷 q によってつくられる電界 $\boldsymbol{E}$ の中に任意の曲面 S をとる.このとき**曲面 S を通過する電気力線の総本数 Φ** を S を通過する**電気力束** (flux of electric force) という.

次は図 1.11(b) のように点電荷 q を中心とする半径 r の球面を考えてみよう.球面 S 上での電界 $\boldsymbol{E}$ はどこでも球面に垂直で,その大きさ E は

$$E = \frac{q}{4\pi\varepsilon_0 r^2} \tag{1.18}$$

である.電気力線は電界に垂直な単位面積あたり E 本となるように引かれているので,式 (1.18) の E は球面 S 上の単位面積を通過する電気力束でもある.したがって球面 S を内から外に通過する全電気力束 Φ は

$$\Phi = \frac{q}{4\pi\varepsilon_0 r^2} \times (4\pi r^2) = \frac{q}{\varepsilon_0} \tag{1.19}$$

となる.ここで,$\Phi > 0$ と $\Phi < 0$ はそれぞれ電気力線が球面 S を内から外,

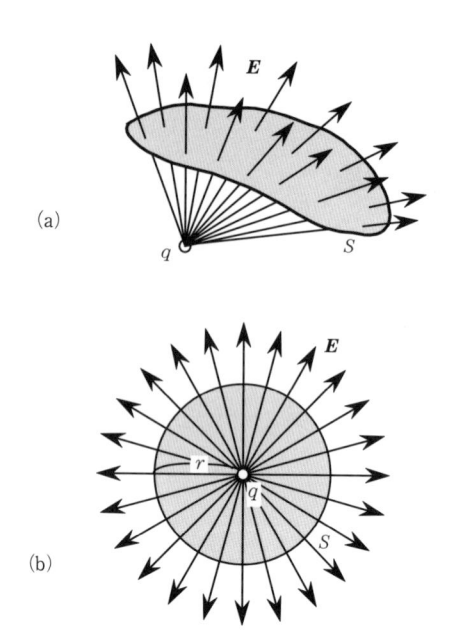

図 1.11 (a) 曲面 S を通過する電気力束. (b) 半径 r の球面 S を通過する電気力束

および外から内に貫いていることを意味する．また式 (1.19) で，半径 r は任意にとれるので，**単位電荷 (1 [C]) から外に向かって $1/\varepsilon_0$ だけの電気力束が出ている**ことがわかる．

今度は，点電荷 q によってつくられる電界 $\boldsymbol{E}$ の中に任意の閉曲面 S をとってみよう．まず図 1.12(a) のように q が閉曲面に含まれる場合から考える．この場合には，点電荷 q から出た電気力束は全て閉曲面 S を内から外に通過する．したがって閉曲面 S を内から外に通過する全電気力束 Φ は，閉曲面 S の形によらず常に

$$\Phi = \frac{q}{\varepsilon_0} \tag{1.20}$$

である．

次はこの電気力束 Φ を閉曲面 S 上の電界 $\boldsymbol{E}$ を用いて表してみよう．図 1.12(b) のように，閉曲面 S を微小な面積に分割し，i 番目の微小面積を ΔS_i とする．大きさが微小面積 ΔS_i と同じで方向がこれに垂直であり，閉曲面を内から外に

1.4 電界に関するガウスの法則

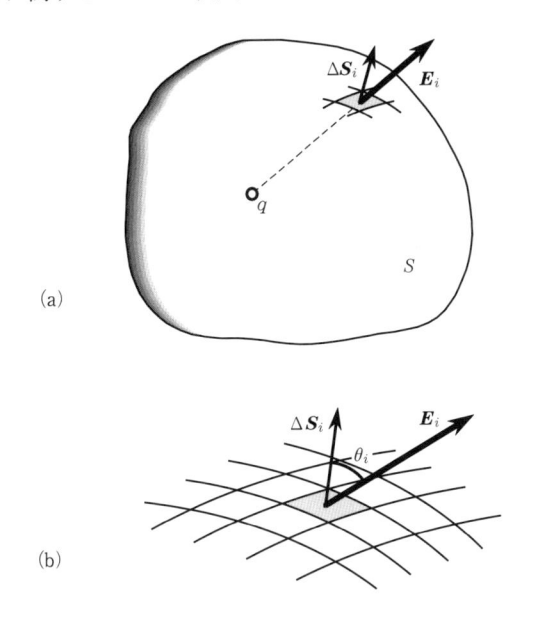

図1.12 電界 E の面積分. 閉曲面 S が電荷 q を含む場合.

向かうようにとったベクトルを $\Delta \boldsymbol{S}_i$ とする. 微小面積 ΔS_i 内では電界は一定であるとし, そこでの電界を $\boldsymbol{E}_i$ とする. 微小面積 ΔS_i では, 単位面積当たり E_i 本の電気力線が法線 ($\Delta \boldsymbol{S}_i$ の向き) と角度 θ_i をなして内から外に通過するので, 微小面積 ΔS_i を通過する電気力束 $\Delta \Phi$ は

$$\Delta \Phi_i = E_i \, \Delta S_i \, \cos \theta_i = \boldsymbol{E}_i \cdot \Delta \boldsymbol{S}_i \tag{1.21}$$

で与えられる. これを全ての ΔS_i について加え合わせると, 全電気力束 Φ は

$$\Phi = \sum_i \Delta \Phi_i = \sum_i \boldsymbol{E}_i \cdot \Delta \boldsymbol{S}_i \tag{1.22}$$

となる. ここで $\Delta \boldsymbol{S}_i$ の大きさを無限に小さくすると, これを加え合わせたものは実際の閉曲面 S に一致する. このとき Φ は

$$\Phi = \oint_S \boldsymbol{E} \cdot d\boldsymbol{S} \tag{1.23}$$

と書き表される. このような積分を**面積分**という. ここで $d\boldsymbol{S}$ は**面素片ベクトル**とよばれる. 記号 $\oint$ は閉曲面 S 全てにわたって積分を行うことを表す. 式

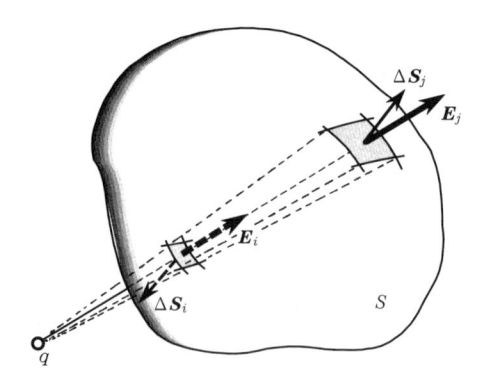

図 1.13 電界 E の面積分. 閉曲面 S が電荷 q を含まない場合

(1.23) で表される全電気力束 Φ は式 (1.20) の Φ と等しいので

$$\oint_S \bm{E} \cdot d\bm{S} = \frac{q}{\varepsilon_0} \tag{1.24}$$

という関係が得られる.

次に，図 1.13 のように閉曲面 S が点電荷 q を含まない場合を考えてみよう. 点電荷 q から放射状に出た電気力線の一部は S 上の q に面した微小面積 ΔS_i で S 内に入り，反対側の微小面積 ΔS_j から外に出る. したがって微小面積 ΔS_i と ΔS_j を**内から外**に通過する電気力束をそれぞれ $\Delta\Phi_i$, $\Delta\Phi_j$ とすると, $\Delta\Phi_i$ は負で $\Delta\Phi_j$ は正であり, これらの間には

$$\Delta\Phi_i = \bm{E}_i \cdot \Delta\bm{S}_i = -\bm{E}_j \cdot \Delta\bm{S}_j = -\Delta\Phi_j \tag{1.25}$$

の関係がある. これから微小面積 ΔS_i と ΔS_j を**内から外**に通過する電気力束の和は 0 となる. このことから，点電荷 q が閉曲面 S に含まれない場合には，閉曲面 S を内から外に通過する電気力束の総和は 0 であることがわかる. これを式で表せば

$$\oint_S \bm{E} \cdot d\bm{S} = 0 \tag{1.26}$$

となる. 式 (1.24) と (1.26) をまとめると

$$\oint_S \bm{E} \cdot d\bm{S} = \begin{cases} \dfrac{q}{\varepsilon_0} & (S \text{が} q \text{を含むとき}) \\ 0 & (S \text{が} q \text{を含まないとき}) \end{cases} \tag{1.27}$$

1.4 電界に関するガウスの法則

となる．

複数の電荷がある場合

図 1.14 のように，複数の点電荷 $(q_j : j = 1, 2, 3, \cdots, N)$ がある場合を考えてみよう．任意の閉曲面 S をとり，これを微小な面積 ΔS_i に分割する．微小面積 ΔS_i での電界を $\bm{E}_i$ とすれば，$\bm{E}_i$ は個々の電荷がこの位置につくる電界のベクトル和で表される．したがって点電荷 q_j が ΔS_i につくる電界を $\bm{E}_i(j)$ と表すと，微小面積 ΔS_i を内から外に通過する電気力束 $\Delta \Phi_i$ は

$$\Delta \Phi_i = \bm{E}_i \cdot \Delta \bm{S}_i = [\bm{E}_i(1) + \bm{E}_i(2) + \bm{E}_i(3) + \cdots + \bm{E}_i(N)] \cdot \Delta \bm{S}_i$$
$$= [\sum_j \bm{E}_i(j)] \cdot \Delta \bm{S}_i \tag{1.28}$$

で与えられる．閉曲面 S の分割を無限に小さくすることによって，S を内から外に通過する電気力束 Φ は

$$\Phi = \oint_S \bm{E} \cdot d\bm{S} = \oint_S [\sum_j \bm{E}(j)] \cdot d\bm{S} \tag{1.29}$$

と書くことができる．電荷 q_j とそれが S 上につくる電界 $\bm{E}(j)$ との間には，式 (1.27) の関係があるので，閉曲面 S に含まれる電荷のみを考慮すればよく，S に含まれる電荷の番号を j' とすると，式 (1.29) から

$$\oint_S \bm{E} \cdot d\bm{S} = \sum_{j'} \frac{q_{j'}}{\varepsilon_0} \tag{1.30}$$

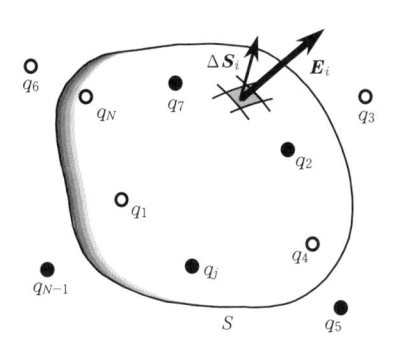

図 1.14　電界 $\bm{E}$ の面積分．複数の電荷がある場合

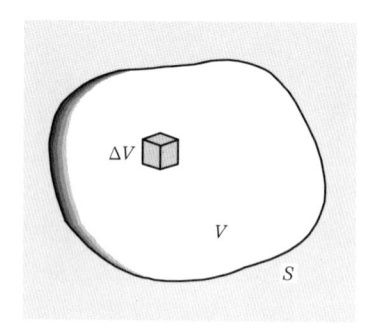

図 1.15 電界 $\boldsymbol{E}$ の面積分. 電荷が連続的に分布する場合.

の関係が得られる. この式の右辺は閉曲面 S 内の電荷の総和を ε_0 で割ったものである. 式 (1.30) を**電界に関するガウスの法則** (Gauss law) という.

電荷が連続的に分布するときには, 図 1.15 にあるように閉曲面 S に囲まれる空間 V 内に微小体積 ΔV をとる. この微小体積の座標を (x, y, z), そこでの電荷密度を $\rho(x, y, z)$ とする. ΔV 内の電荷を 1 つの点電荷 $q_{j'} = \rho \Delta V$ と考え, さらに微小体積 ΔV を無限に小さくしてゆく ($\Delta V \to dV$). このとき式 (1.30) の右辺は, $q_{j'} \to \rho dV$, $\sum_{j'} \to \int_V$ とすることより

$$\sum_{j'} \frac{q_{j'}}{\varepsilon_0} \Rightarrow \frac{1}{\varepsilon_0} \int_V \rho dV \tag{1.31}$$

となる. したがって電界に関するガウスの法則は

$$\oint_S \boldsymbol{E} \cdot d\boldsymbol{S} = \frac{1}{\varepsilon_0} \int_V \rho dV \tag{1.32}$$

と表される.

次の例題で見るように, 電界の対称性がよい場合にはガウスの法則を用いることによって電界を簡単に求めることができる.

〔例題 1.4.1 **無限に長い直線上に分布した電荷がつくる電界**〕
　無限に長い直線上に電荷が一様に線密度 λ で分布している. 直線から距離 r だけ離れた点での電界を求めよ.

1.4 電界に関するガウスの法則

[解答]

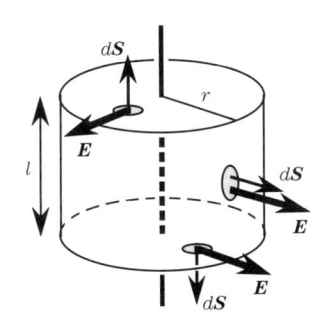

図 1.16 閉曲面 S と電界 $\boldsymbol{E}$ の分布.

対称性から電界 $\boldsymbol{E}$ は中心軸に垂直で，中心から放射状に外に向かっている．図のように，中心軸が直線と一致する半径 r，長さ l の円柱の表面を閉曲面 S と考え，これにガウスの法則を適用する．式 (1.32) の面積分を側面，上面，下面の 3 つの部分に分けると

$$\oint_S \boldsymbol{E} \cdot d\boldsymbol{S} = \int_{側面} \boldsymbol{E} \cdot d\boldsymbol{S} + \int_{上面} \boldsymbol{E} \cdot d\boldsymbol{S} + \int_{下面} \boldsymbol{E} \cdot d\boldsymbol{S} \tag{1}$$

となる．上面と下面では，$\boldsymbol{E} \perp d\boldsymbol{S}$ であるために，面積分の値は 0 となる．また，側面上では，$\boldsymbol{E} // d\boldsymbol{S}$ であって，電界の強さ E はどこでも同じであるから，式 (1) の積分は

$$\int_{側面} \boldsymbol{E} \cdot d\boldsymbol{S} = E \int_{側面} dS = E \times (2\pi rl) \tag{2}$$

となる．S 内の電荷の総和は λl であるから，ガウスの法則より

$$\oint_S \boldsymbol{E} \cdot d\boldsymbol{S} = 2\pi rlE = \frac{\lambda l}{\varepsilon_0} \tag{3}$$

が得られる．これから E は

$$E = \frac{\lambda}{2\pi\varepsilon_0 r} \tag{4}$$

と求められる．

〔例題 1.4.2 **無限に広い平面上に分布した電荷がつくる電界**〕
無限に広い平面上に電荷が一様に面密度 σ で分布している．平面から距離 r だけ離れた点での電界を求めよ．

[解答]

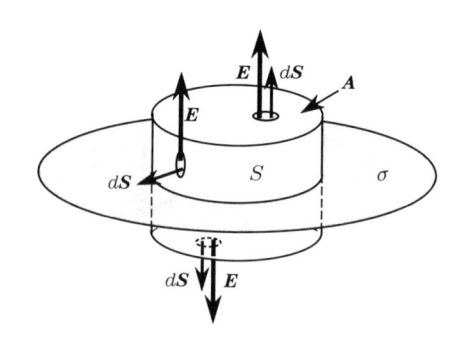

図 1.17 閉曲面 S と電界 E の分布.

平面に垂直な任意の軸のまわりに平面を回転しても電界は不変であるから，電界 E は平面に垂直でなければならない．また平面の上下をひっくり返しても電界は不変であるから，電界の向きは平面の上下で逆になっていなければならない．図のように，中心軸が平面に垂直で，平面の一部を含むような断面積 A の円柱を考え，その表面によって囲まれる閉曲面 S にガウスの法則を適用する．式 (1.32) の面積分を側面，上面，下面の 3 つの部分に分けると

$$\oint_S \bm{E} \cdot d\bm{S} = \int_{側面} \bm{E} \cdot d\bm{S} + \int_{上面} \bm{E} \cdot d\bm{S} + \int_{下面} \bm{E} \cdot d\bm{S} \tag{1}$$

となる．側面では，$\bm{E} \perp d\bm{S}$ であるために，面積分の値は 0 となる．また，上面と下面では，$\bm{E}$ と $d\bm{S}$ は同じ向きであり，電界の強さ E はどこでも同じであるから，式 (1) の積分は

$$\oint_S \bm{E} \cdot d\bm{S} = \int_{上面} \bm{E} \cdot d\bm{S} + \int_{下面} \bm{E} \cdot d\bm{S} = E\int_{上面} dS + E\int_{下面} dS = 2EA \tag{2}$$

となる．S 内の電荷の総和は σA であるから，ガウスの法則より

$$\oint_S \bm{E} \cdot d\bm{S} = 2EA = \frac{\sigma A}{\varepsilon_0} \tag{3}$$

が得られる．これから E は

$$E = \frac{\sigma}{2\varepsilon_0} \tag{4}$$

と求められる．このように電界は平面からの距離には依存せず一定になる．

〔例題 1.4.3 **球面上に分布した電荷がつくる電界**〕
半径 a の球の表面に総量 Q の電荷が一様に分布している．球の中心 O から距離 r の点での電界を求めよ．

1.4 電界に関するガウスの法則

[解答]

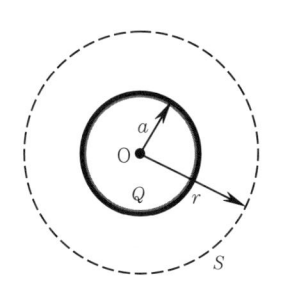

図1.18 球面上に分布した電荷と閉曲面 S.

図のように O を中心とする半径 r の球面 S を考え，これにガウスの法則を適用する．中心 O から距離 r の点での電界 $\boldsymbol{E}$ は球対称で，その大きさ E は r のみの関数である．電界は常に球面に垂直で，その大きさは球面上どこでも等しいことから

$$\oint_S \boldsymbol{E} \cdot d\boldsymbol{S} = E \oint_S dS = E \times (4\pi r^2)$$

となる．球面 S 内の電荷の総和は $r > a$ のときは Q，$r < a$ のときは 0 である．したがってガウスの法則から，$r > a$ のときには

$$4\pi r^2 E = \frac{Q}{\varepsilon_0}$$

が成り立ち，$r < a$ のときには

$$4\pi r^2 E = 0$$

が成り立つ．これから電界は

$$E = \begin{cases} \dfrac{Q}{4\pi\varepsilon_0 r^2} & (r > a) \\ 0 & (r < a) \end{cases}$$

と求められる．これは例題 1.3.4 の結果と同じである．

問 1.8 半径 a の無限に長い円筒上に電荷が一様に面密度 σ で分布している．円筒の中心軸から距離 r だけ離れた点での電界を求めよ．

問 1.9 2枚の無限に広い平行な平面 A と B がある．以下の場合についてまわりの電界を求めよ．
 (1) A と B 上に電荷が一様に同じ面密度 σ で分布するとき．
 (2) A と B 上に電荷が一様にそれぞれ面密度 σ と $-\sigma$ で分布するとき．

問 1.10 半径 a の球全体に総量 Q の電荷が一様に分布している．球の中心 O から距離 r の点 P での電界をガウスの法則を用いて求めよ．

1.5 電　位

電界 $\boldsymbol{E}$ の中に電荷 q' があると，この電荷には $\boldsymbol{F} = q'\boldsymbol{E}$ の力が働く (p.8, 式 (1.11))．図 1.19(a) のように，ある経路 C に沿って電荷 q' が点 A から点 B まで動くとき，力 $\boldsymbol{F}$ が電荷にする仕事を $W_{(C)}^{\mathrm{AB}}$ とする．この仕事は q' に比例するので

$$W_{(C)}^{\mathrm{AB}} = q'\phi_{(C)}^{\mathrm{AB}} \tag{1.33}$$

と書くと，$\phi_{(C)}^{\mathrm{AB}}$ は単位正電荷 (1 [C]) あたりに力がなす仕事を表している．図 1.19(b) のように経路 C を微小な直線区間に分割し，i 番目の微小区間を Δl_i，そこでの電界を $\boldsymbol{E}_i$，$\boldsymbol{E}_i$ と Δl_i のなす角を θ_i とすれば，$\phi_{(C)}^{\mathrm{AB}}$ は

$$\phi_{(C)}^{\mathrm{AB}} = \sum_i E_i \Delta l_i \cos\theta_i = \sum_i \boldsymbol{E}_i \cdot \Delta \boldsymbol{l}_i \tag{1.34}$$

と表される．ここで微小区間の幅を無限に小さくすると，これを加え合わせたものは，実際の経路 C に一致する．このとき $\phi_{(C)}^{\mathrm{AB}}$ は

$$\phi_{(C)}^{\mathrm{AB}} = \int_{\mathrm{A}(C)}^{\mathrm{B}} \boldsymbol{E} \cdot d\boldsymbol{l} \tag{1.35}$$

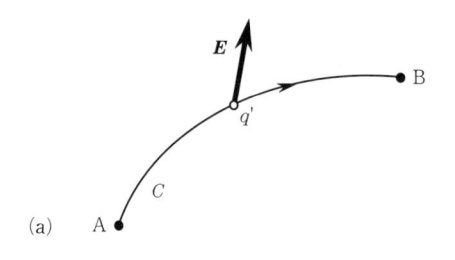

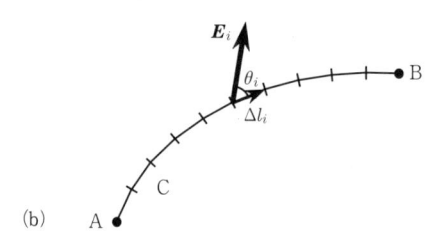

図 1.19 電界 $\boldsymbol{E}$ の中にある電荷 q' に働く力 $\boldsymbol{F}$ と，力 $\boldsymbol{F}$ のなす仕事．

1.5 電位

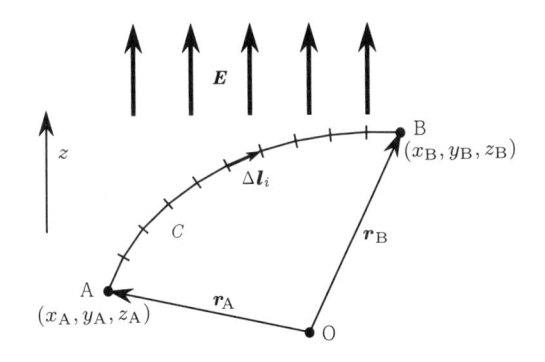

図 1.20 電界 E の線積分.一様な電界の場合.

と書き表される.この積分を電界 E の A 点から B 点までの経路 C に沿った**線積分**という.ここで dl は線素片ベクトルとよばれる.

図 1.20 のように,z 方向を向いた一様な電界 $E = (0, 0, E)$ の中に 2 点 A と B をとり,$\phi_{(C)}^{AB}$ の値を求めてみよう.2 点 A と B の座標をそれぞれ (x_A, y_A, z_A),(x_B, y_B, z_B) とする.式 (1.34) で $\Delta l_i = (\Delta x_i, \Delta y_i, \Delta z_i)$ とすれば,AB を結ぶ任意の経路 C について

$$\phi_{(C)}^{AB} = \sum_i E_i \cdot \Delta l_i = E \sum_i \Delta z_i = E(z_B - z_A) \tag{1.36}$$

となって,$\phi_{(C)}^{AB}$ は途中の経路に依存しない.

次は図 1.21(a) のように,点電荷 q がつくる電界の中に 2 点 A,B をとり,任意の経路 C について $\phi_{(C)}^{AB}$ を求めてみよう.原点 O は点電荷 q の位置にとることにする.Δl_i が微小なので,$\Delta r_i = r_{i+1} - r_i$ とすると

$$\Delta r_i = \Delta l_i \cos \theta_i \tag{1.37}$$

の関係がある (図 1.21(b) 参照).これを用いると,式 (1.34) は

$$\phi_{(C)}^{AB} = \sum_i E_i \Delta l_i \cos \theta_i = \sum_i \frac{q}{4\pi\varepsilon_0 r_i^2} \cos \theta_i \frac{\Delta r_i}{\cos \theta_i} = \frac{q}{4\pi\varepsilon_0} \sum_i \frac{1}{r_i^2} \Delta r_i \tag{1.38}$$

となる.ここで $\Delta r_i \to 0$ とすれば式 (1.38) は

$$\phi_{(C)}^{AB} = \frac{q}{4\pi\varepsilon_0} \int_{r_A}^{r_B} \frac{1}{r^2} dr = \frac{q}{4\pi\varepsilon_0} \left(\frac{1}{r_A} - \frac{1}{r_B} \right) \tag{1.39}$$

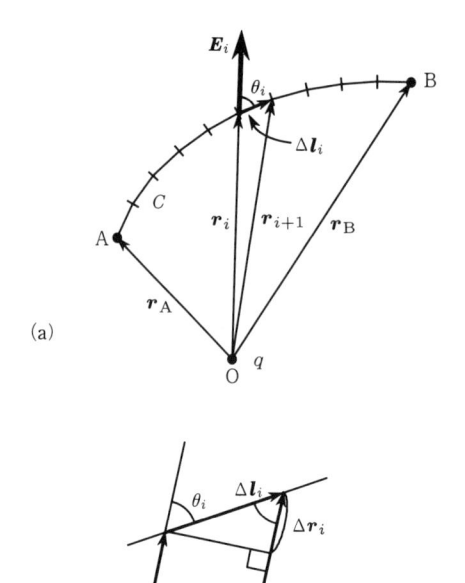

図 1.21 電界 E の線積分. 一般の電界の場合.

となって, $\phi_{(C)}^{AB}$ は, A と B の原点 O からの距離 r_A, r_B だけで決まり, 途中の経路にはよらない. このことから任意の閉曲線 C について

$$\oint_C \boldsymbol{E} \cdot d\boldsymbol{l} = 0 \tag{1.40}$$

が成り立つことがわかる. これは**静止した電荷がつくる電気力線はうずをつくらないことを表している**.

点電荷 q がつくる電界の中に固定された基準点 S と位置ベクトル $\boldsymbol{r}$ の任意の点 P をとれば $\phi_{(C)}^{PS}$ は

$$\phi(r) = \int_P^S \boldsymbol{E} \cdot d\boldsymbol{l} \tag{1.41}$$

のように q と P の距離 r だけで決まる. この $\phi(r)$ を点 P の基準点 S に対する**電位** (electric potential) という. 基準点 S のとり方は任意であるが, 無限遠にとることが多い. S を無限遠にとると, 電位 $\phi(r)$ は, 式 (1.39) で $r_A = r$,

1.5 電位

$r_B = \infty$ とすることによって

$$\phi(r) = \frac{q}{4\pi\varepsilon_0 r} \tag{1.42}$$

と表される．

電位の単位には**ボルト [V]** を用いる．ある物理量 A の単位または次元を $[A]$ のように書くことにすれば，式 (1.41) より [電位] = [電界] × [長さ] であるから

$$[電界] = [\mathrm{N/C}] = [\mathrm{V/m}] \tag{1.43}$$

$$[電位] = [\mathrm{V}] = [\mathrm{N\,m/C}] = [\mathrm{J/C}] \tag{1.44}$$

の関係がある．

複数の電荷 $(q_i : i = 1, 2, 3, \cdots, N)$ がある場合には，任意の点 P の電界 $\boldsymbol{E}$ は，個々の点電荷がこの点 P につくる電界 $\boldsymbol{E}_i$ のベクトル和で与えられる．したがって，位置ベクトル $\boldsymbol{r}$ の点 P の電位 $\phi(\boldsymbol{r})$ は，

$$\phi(\boldsymbol{r}) = \int_P^S \boldsymbol{E} \cdot d\boldsymbol{l} = \int_P^S (\boldsymbol{E}_1 + \boldsymbol{E}_2 + \cdots + \boldsymbol{E}_N) \cdot d\boldsymbol{l} \tag{1.45}$$

と表される．ここで個々の電荷が点 P につくる電位は式 (1.42) で与えられるので，式 (1.45) は r_i を電荷 q_i と点 P との距離として

$$\phi(\boldsymbol{r}) = \frac{1}{4\pi\varepsilon_0} \sum_i \frac{q_i}{r_i} \tag{1.46}$$

となる．これから**任意の点 P の電位はそれぞれの電荷がこの点につくる電位の和で表される**ことがわかる．

電荷が物体の表面や内部に連続的に分布する場合に電位を求めるには，1.3 節 (p.9) で学んだ方法やガウスの法則を用いてまわりの電界 $\boldsymbol{E}$ をまず求める．この電界 $\boldsymbol{E}$ を

$$\phi(\boldsymbol{r}) = \int_P^S \boldsymbol{E} \cdot d\boldsymbol{l} \tag{1.47}$$

に代入して計算すれば，位置ベクトル $\boldsymbol{r}$ の点 P の電位 $\phi(\boldsymbol{r})$ が求められる．このとき線積分の経路は計算が簡単になるように適当に選べばよい．

電位差

電界 $\boldsymbol{E}$ の中に，2つの点 P_1 と P_2 をとり，それぞれの位置ベクトルを $\boldsymbol{r}_1$,

r_2 とする.P_1 と P_2 での電位をそれぞれ $\phi(r_1)$, $\phi(r_2)$ とすれば

$$\phi(r_1) = \int_{P_1}^{S} E \cdot dl \tag{1.48}$$

$$\phi(r_2) = \int_{P_2}^{S} E \cdot dl \tag{1.49}$$

である.これらの線積分は経路によらないので,式 (1.48) の積分は P_1 から P_2 を経由して基準点 S に行っても同じになるから

$$\phi(r_1) = \int_{P_1}^{P_2} E \cdot dl + \int_{P_2}^{S} E \cdot dl \tag{1.50}$$

のように書くことができる.したがって式 (1.50) と (1.49) の差 $\Delta\phi$ は

$$\Delta\phi = \phi(r_1) - \phi(r_2) = \int_{P_1}^{P_2} E \cdot dl \tag{1.51}$$

となる.この $\Delta\phi$ を 点 P_1 と P_2 の**電位差** (potential difference) または**電圧** (voltage) という.電位差の単位には,電位の単位と同じボルト [V] を用いる.

等電位面と等電位線

電界内の任意の点には 式 (1.47) のように電位が与えられる.空間内で電位の等しい点はあちらこちらにあるので,これらの点を連ねれば 1 つの曲面ができる (図 1.22 参照).この曲面を**等電位面** (equipotential surface) という.また,ある平面内の電位の分布に着目して,平面内で電位の等しい点を連ねれば**等電**

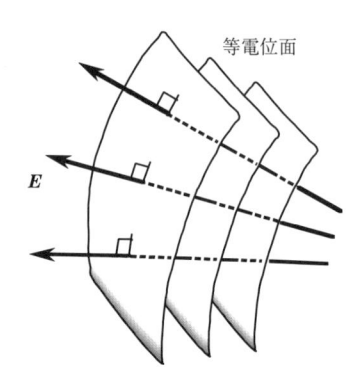

図 1.22 電界と等電位面

1.5 電位

位線ができる．電位と等電位面の関係は，山と等高線の関係にたとえることができる．

同じ等電位面内に点 P とこれからわずかに離れた任意の点 P′ をとる．$\overrightarrow{\mathrm{PP'}} = \Delta l$ とし，この間での電界を $\boldsymbol{E}$ とすれば，2 点間に電位差はないので，$\Delta \phi = \boldsymbol{E} \cdot \Delta \boldsymbol{l} = 0$ である．これは $\boldsymbol{E} \perp \Delta \boldsymbol{l}$ であることを意味している．これが任意の $\Delta \boldsymbol{l}$ に対して成り立つことから**電気力線と等電位面とは直交している**ことがわかる．

〔例題 1.5.1 球面上に分布した電荷がつくる電界中の電位〕半径 a の球の表面に総量 Q の電荷が一様に分布している．球の中心 O から距離 r の点 P での電位を求めよ．ただし電位の基準点は無限遠とする．

[解答]

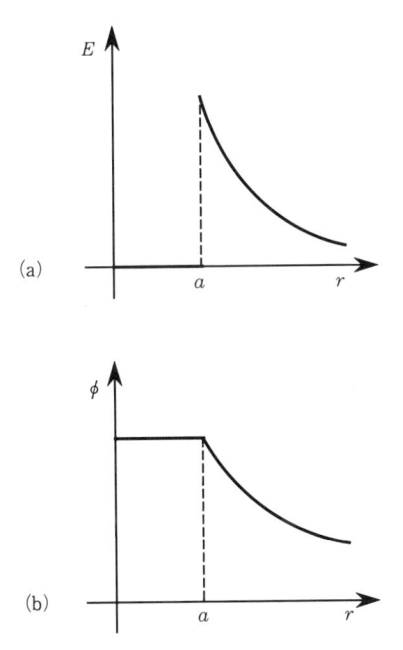

図 1.23 (a) 電界と (b) 電位の分布

例題 1.4.3 の結果から，電界の強さ E は

$$E = \begin{cases} \dfrac{Q}{4\pi\varepsilon_0 r^2} & (r > a) \\ 0 & (r < a) \end{cases} \tag{1}$$

で与えられる．電位は，

$$\phi = \int_P^S \boldsymbol{E} \cdot d\boldsymbol{l} \tag{2}$$

から求められる．基準点 S は無限遠であるから線積分は直線 OP を無限遠まで延長した直線に沿って行う．$d\boldsymbol{l}$ を $d\boldsymbol{r}$ と書き換えると，$\boldsymbol{E}//d\boldsymbol{r}$ であるので

$$\phi = \int_P^S \boldsymbol{E} \cdot d\boldsymbol{r} = \int_r^\infty E\, dr \tag{3}$$

となる．この積分は $r > a$ のときには

$$\phi = \int_r^\infty \frac{Q}{4\pi\varepsilon_0 r^2} dr = \frac{Q}{4\pi\varepsilon_0 r} \tag{4}$$

となり，$r < a$ のときには

$$\phi = \int_r^a 0\, dr + \int_a^\infty \frac{Q}{4\pi\varepsilon_0 r^2} dr = \frac{Q}{4\pi\varepsilon_0 a} \tag{5}$$

となる．したがって電位 ϕ は

$$\phi = \begin{cases} \dfrac{Q}{4\pi\varepsilon_0 r} & (r > a) \\ \dfrac{Q}{4\pi\varepsilon_0 a} & (r < a) \end{cases} \tag{6}$$

と求められる．

〔例題 1.5.2　無限に長い直線上に分布した電荷がつくる電界中での電位差〕
　無限に長い直線上に電荷が一様に線密度 λ で分布している．直線から距離 r_A と r_B だけ離れた2点 AB 間の電位差を求めよ．

[解答]
　例題 1.4.1 の結果から，直線から距離 r での電界の強さ E は

$$E = \frac{\lambda}{2\pi\varepsilon_0 r} \tag{1}$$

で与えられる．A と B の電位差 $\Delta\phi$ は，

$$\Delta\phi = \int_A^B \boldsymbol{E} \cdot d\boldsymbol{l} \tag{2}$$

1.5 電位

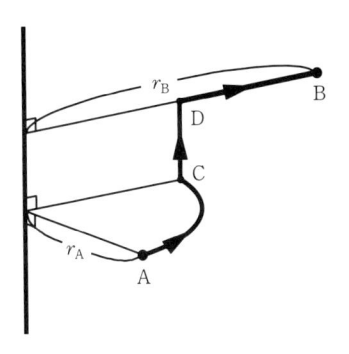

図1.24 線積分の経路

から求められる．ここで線積分の経路を図のように 3 つに分ける．まず A から半径 r_A の円弧に沿って C まで行き，C から直線に平行に D まで行き，さらに D から B まで行く経路で線積分を行う．このとき $\Delta\phi$ は，

$$\Delta\phi = \int_A^C \boldsymbol{E}\cdot d\boldsymbol{l} + \int_C^D \boldsymbol{E}\cdot d\boldsymbol{l} + \int_D^B \boldsymbol{E}\cdot d\boldsymbol{l} \tag{3}$$

となる．A と C，および C と D の間では $\boldsymbol{E}\perp d\boldsymbol{l}$ であるので，式の第 1 項と 2 項の積分は 0 となる．また D と B の間では $\boldsymbol{E}//d\boldsymbol{l}$ であるので，$\Delta\phi$ は

$$\Delta\phi = \int_D^B \boldsymbol{E}\cdot d\boldsymbol{l} = \int_{r_A}^{r_B} E\,dr = \int_{r_A}^{r_B} \frac{\lambda}{2\pi\varepsilon_0 r}\,dr = \left[\frac{\lambda}{2\pi\varepsilon_0}\log r\right]_{r_A}^{r_B} \tag{4}$$

から

$$\Delta\phi = \frac{\lambda}{2\pi\varepsilon_0}\log\frac{r_B}{r_A} \tag{5}$$

と求められる．

(注意) いまの場合，電位の基準点を無限遠にとると，任意の点の電位は無限大になってしまう．このようなときには，基準点を適当な有限のところにとっておけばよい．また，有限な距離だけ離れた 2 点の間の電位差は，式 (5) からわかるように，基準点のとり方には無関係に有限な値になる．

問 1.11 問 1.5 の問題で，点 P の電位を求めよ．ただし，電位の基準点は無限遠とする．

問 1.12 半径 a の球全体に総量 Q の電荷が一様に分布している．球の中心 O から距離 r の点 P での電位を求めよ．ただし，電位の基準点は無限遠とする．

問 1.13 半径 a の無限に長い円筒上に電荷が一様に面密度 σ で分布している．円筒の中心軸から距離 r_A と r_B だけ離れた 2 点 AB 間の電位差を求めよ．ただし $r_A < r_B$ とする．

問 1.14 例題 1.5.2 の場合において，点電荷 q' を B から A まで移動させるのに必要な仕事を求めよ．

〔**例題 1.5.3** 平行直線上に分布した正負の電荷がつくる等電位面〕
　無限に長い 2 本の平行直線 A と B が，距離 $2a$ を隔てて置いてあり，この上に正と負の電荷が線密度 λ と $-\lambda$ で一様に分布している．直線 A と B からそれぞれ距離 r_A と r_B だけ離れた点 P での電位を求め，2 直線のまわりの等電位面を求めよ．

[解答]

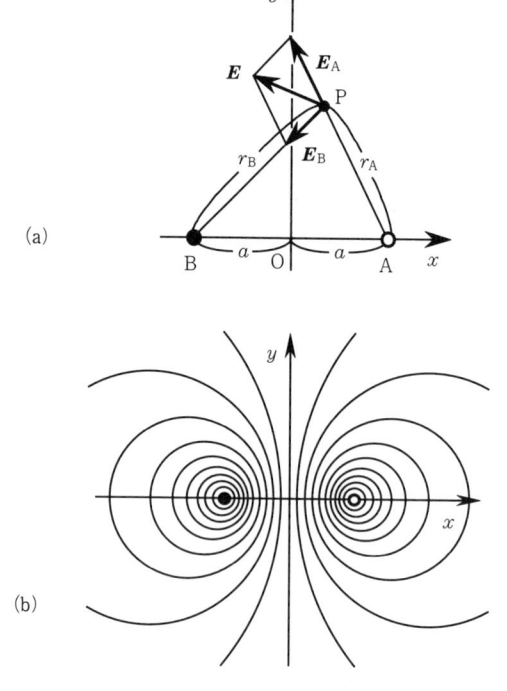

図 1.25　平行直線上に分布した正負の電荷がつくる電界と等電位面

1.5 電位

図 1.25(a) のように，2 直線 AB に垂直な平面内に x 軸と y 軸をとる．直線 A と B の上に分布する正と負の電荷がまわりにつくる電界 $\boldsymbol{E}_A$ と $\boldsymbol{E}_B$ は，この xy 平面内にあり，その強さは，それぞれの直線からの距離を r とすると

$$E_A(r) = \frac{\lambda}{2\pi\varepsilon_0 r}, \qquad E_B(r) = \frac{-\lambda}{2\pi\varepsilon_0 r} \tag{1}$$

で与えられる．電位の基準点を原点 O にとれば，直線 A と B の上に分布する正と負の電荷が点 P につくる電位は，それぞれ

$$\phi_A = \int_{r_A}^{a} E_A(r)\, dr = \frac{\lambda}{2\pi\varepsilon_0} \log \frac{a}{r_A} \tag{2}$$

$$\phi_B = \int_{r_B}^{a} E_B(r)\, dr = -\frac{\lambda}{2\pi\varepsilon_0} \log \frac{a}{r_B} \tag{3}$$

となる．点 P での電位 ϕ はこれらの和で与えられるので

$$\phi = \frac{\lambda}{2\pi\varepsilon_0} \log \frac{a}{r_A} - \frac{\lambda}{2\pi\varepsilon_0} \log \frac{a}{r_B} = \frac{\lambda}{2\pi\varepsilon_0} \log \frac{r_B}{r_A} \tag{4}$$

となる．よって等電位面は

$$\frac{r_B}{r_A} = C_1 \qquad (C_1 \text{は定数}) \tag{5}$$

で与えられる．P の座標を (x, y) とすれば，式 (5) は

$$\left(x + \frac{1 + C_1^2}{1 - C_1^2} a\right)^2 + y^2 = \frac{4 C_1^2}{(1 - C_1^2)^2} a^2 \tag{6}$$

のように整理される．これから等電位線は円になることがわかる．図 1.25(b) はその等電位線を表したものである．

問 1.15 上の例題で電気力線も円弧になることを示せ．

電位と電界の関係

空間内の電界 $\boldsymbol{E}$ がわかっている場合には，電位 ϕ は式 (1.47) から求めることができる．ここでは先に電位がわかっている場合に電界がどのように表されるか考えてみよう．

図に示されたように，座標 (x, y, z) の位置に点 P をとり，ここから Δl だけわずかに離れた点を P′ とする．P と P′ での電位をそれぞれ ϕ と ϕ' すれば，式 (1.51) と Δl が微小であることから

$$\phi - \phi' = \boldsymbol{E} \cdot \Delta \boldsymbol{l} \tag{1.52}$$

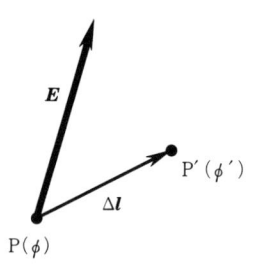

図 1.26 電界 E の中にある近接する 2 点 P, P' とその電位 ϕ, ϕ'.

の関係がある．ここで P' の座標を $(x+\Delta x, y, z)$ とすれば，$\Delta l = (\Delta x, 0, 0)$ となる．このとき式 (1.52) は

$$\phi(x, y, z) - \phi(x+\Delta x, y, z) = \boldsymbol{E} \cdot \Delta \boldsymbol{l} = E_x \Delta x \tag{1.53}$$

となる．ここで $\Delta x \to 0$ とすることによって，点 P での電界の x 成分 E_x は

$$\begin{aligned} E_x &= -\lim_{\Delta x \to 0} \frac{\phi(x+\Delta x, y, z) - \phi(x, y, z)}{\Delta x} \\ &= -\left(\frac{d\phi}{dx}\right)_{y, z=\text{一定}} = -\frac{\partial \phi}{\partial x} \end{aligned} \tag{1.54}$$

と表される．ここで $\partial \phi/\partial x$ は y と z を固定して ϕ を x で微分することを表すもので，**偏微分**とよばれる．

P' の座標を $(x, y+\Delta y, z)$，あるいは $(x, y, z+\Delta z)$ ととることによって，同様に

$$E_y = -\frac{\partial \phi}{\partial y}, \quad E_z = -\frac{\partial \phi}{\partial z} \tag{1.55}$$

が得られる．x, y, z 方向の単位ベクトル $\boldsymbol{e}_x, \boldsymbol{e}_y, \boldsymbol{e}_z$ を用いて以上をまとめると

$$\boldsymbol{E} = -\left(\frac{\partial \phi}{\partial x}\boldsymbol{e}_x + \frac{\partial \phi}{\partial y}\boldsymbol{e}_y + \frac{\partial \phi}{\partial z}\boldsymbol{e}_z\right) \tag{1.56}$$

となる．この式は簡単に

$$\boldsymbol{E} = -\operatorname{grad}\phi \tag{1.57}$$

あるいは

$$\boldsymbol{E} = -\nabla \phi \tag{1.58}$$

1.5 電位

と書き表されることもある．このように座標 (x, y, z) での電位 ϕ がわかれば，この位置での電界 $\boldsymbol{E}$ は式 (1.56) から求めることができる．

式 (1.56) の ( ) の中は電位 ϕ の勾配すなわち等電位面あるいは等電位線の混み具合を表している．式 (1.56) はある位置での電界 $\boldsymbol{E}$ は，その位置での電位 ϕ の勾配に負の符号を付けたもので与えられることを表している．したがって傾斜が急なところでは等高線が密になることと同じく，電界が強いところでは等電位面の間隔は密になる．

〔例題 1.5.4 電気双極子のつくる電位と電界〕
z 軸上に原点 O を挟んで $z = \pm l/2$ の位置 A と B に，それぞれ $\pm q$ の電荷を置く．このような電荷対を**電気双極子** (electric dipole) という．これらの電荷から十分離れた点 P での電位と電界を求めよ．

[解答]
図のように，P の位置ベクトルを $\boldsymbol{r}$ とし，$\boldsymbol{r}$ が z 軸正の向きとなす角を θ とする．2 点 A, B と P の距離をそれぞれ r_A と r_B すれば，$r \gg l$ のときには

$$r_{A,B} = \sqrt{r^2 + \frac{l^2}{4} \mp rl \cos\theta} \doteqdot r\left(1 \mp \frac{l}{2r}\cos\theta\right) \tag{1}$$

となる．点 P の電位 ϕ は 2 つの電荷 $\pm q$ が独立に P につくる電位の和で与えられるので

$$\phi = \frac{q}{4\pi\varepsilon_0 r_A} + \frac{-q}{4\pi\varepsilon_0 r_B} \tag{2}$$

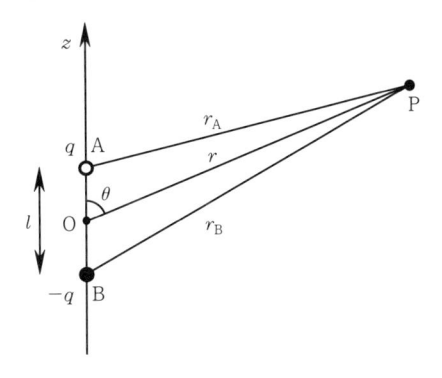

図 1.27 電気双極子のつくる電位と電界

と表される．これに式 (1) を代入すれば

$$\phi = \frac{ql\cos\theta}{4\pi\varepsilon_0\left(r^2 - \dfrac{l^2}{4}\cos^2\theta\right)} \doteqdot \frac{ql\cos\theta}{4\pi\varepsilon_0 r^2} \qquad (3)$$

が得られる．負電荷 $-q$ から正電荷 q に引いたベクトルを l としたとき

$$\boldsymbol{p} = q\boldsymbol{l} \qquad (4)$$

で表されるベクトル $\boldsymbol{p}$ を**電気双極子モーメント** (electric dipole moment) とよぶ．その大きさ p を用いると，電位 ϕ は

$$\phi = \frac{p\cos\theta}{4\pi\varepsilon_0 r^2} \qquad (5)$$

と表される．

電界 $\boldsymbol{E}$ は

$$\boldsymbol{E} = -\operatorname{grad}\phi \qquad (6)$$

から求めることができる．ここで微分演算子 grad を極座標 (r, θ, φ) を用いて表すと，式 (6) は $\boldsymbol{e}_r, \boldsymbol{e}_\theta, \boldsymbol{e}_\varphi$ を r, θ, φ 方向の単位ベクトルとして

$$\boldsymbol{E} = -\left(\frac{\partial\phi}{\partial r}\boldsymbol{e}_r + \frac{1}{r}\frac{\partial\phi}{\partial \theta}\boldsymbol{e}_\theta + \frac{1}{r\sin\theta}\frac{\partial\phi}{\partial \varphi}\boldsymbol{e}_\varphi\right) \qquad (7)$$

と表される．この式に式 (5) の電位を代入すると，電界の r, θ, φ 方向成分 E_r, E_θ, E_φ は

$$E_r = -\frac{\partial\phi}{\partial r} = \frac{p\cos\theta}{2\pi\varepsilon_0 r^3} \qquad (8)$$

$$E_\theta = -\frac{1}{r}\frac{\partial\phi}{\partial \theta} = \frac{p\sin\theta}{4\pi\varepsilon_0 r^3} \qquad (9)$$

$$E_\varphi = -\frac{1}{r\sin\theta}\frac{\partial\phi}{\partial \varphi} = 0 \qquad (10)$$

と求められる．E_φ が 0 であるのは，電界 $\boldsymbol{E}$ が z 軸を含む面内にあることを示している．ここで用いた極座標については付録を参照してほしい．

1.6 導体と電界

金属のように，自由に動くことができる電荷をもった物体を**導体** (conductor) とよぶ．この節では，導体を電界の中に置いたとき，導体内の電荷分布および導体内外の電界と電位がどのようになるか考えてみよう．

1.6 導体と電界

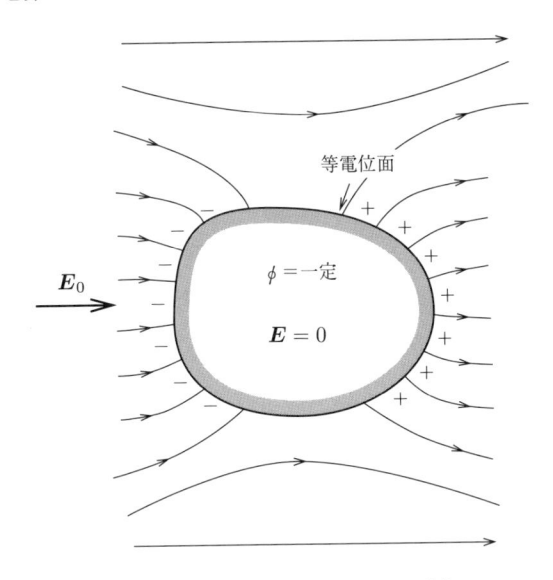

図1.28 電界 E_0 の中に置かれた導体

図1.28のように，材質も温度も一様な導体を電界 E_0 の中に置くと，導体中の電荷は電界によって力を受けるために移動する．この電荷の移動は導体内の電界がなくなるまで続く．したがって，**変化が起こらなくなった平衡状態では，導体内に電界は存在しない**．

電界 E と電位 ϕ は，$E = -\,\mathrm{grad}\,\phi$ の関係で結ばれているので，$E = 0$ であることは，導体内部のどこでも

$$\frac{\partial \phi}{\partial x} = 0 \quad \frac{\partial \phi}{\partial y} = 0, \quad \frac{\partial \phi}{\partial z} = 0$$

が成り立つ．これは**導体内部では電位 ϕ が一定**であることを表している．これから**導体の表面は一つの等電位面になっている**ことがわかる．

図1.29のように、導体内部に任意の閉曲面 S をとり，これにガウスの法則を適用してみよう．導体内部では，いたるところで $E = 0$ であるので

$$\oint_S \boldsymbol{E} \cdot d\boldsymbol{S} = \sum_{j'} \frac{q_{j'}}{\varepsilon_0} = 0 \tag{1.59}$$

が成り立つ．ここで j' は閉曲面 S に存在する電荷の番号である．したがって，閉曲面 S 内の電荷の総和 $\sum_{j'} q_{j'}$ は常に 0 である．閉曲面 S は任意であるので，

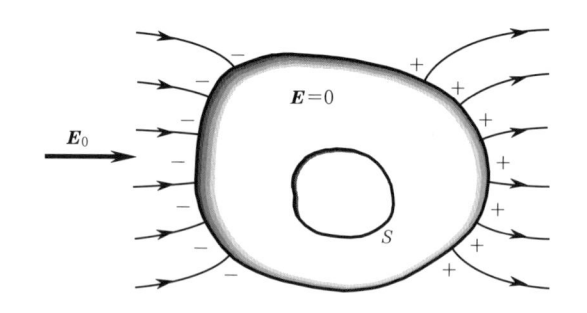

図 1.29 電界 E_0 の中に置かれた導体とその中にとられた閉曲面 S.

この結果は，**導体内部には電荷が存在しない**ことを表している．これから**電荷は導体の表面にのみ存在する**ことがわかる．

このように，電界内に導体を置いたとき，導体の電荷分布が変化して，導体表面に電荷が現れる現象を**静電誘導** (electrostatic induction) という．導体内部の電界が 0 になるのは，静電誘導によって導体表面に誘起された電荷がつくる電界と，外部からの電界が打ち消し合うためである．例えば図 1.28 のように，右向きの外部電界 E_0 の中に導体を置くと，左側の表面には負の電荷が現れ，右側の表面には正の電荷が現れる．この表面に誘起された電荷は，右から左に向かう電界をつくる．この電界が外部の電界 E_0 と打ち消し合って導体内部の電界は 0 になる．

導体表面付近の電界

次に導体表面付近の電界について考えてみよう．前に述べたように，導体の表面は 1 つの等電位面になっている．電界は等電位面に常に垂直であるから，**導体表面のすぐ外側では，電界は表面に垂直になっている**．

導体表面上の任意の点 P 付近での電荷密度を σ とし，このすぐ外側の電界を E とする．図 1.30 のように，P 点を内部に含み，中心軸が導体表面に垂直で，断面積が ΔS の小さな円柱を考えて，この表面によって囲まれる閉曲面 S にガウスの法則を適用する．電界 E の面積分を

$$\oint_S \bm{E} \cdot d\bm{S} = \int_{側面} \bm{E} \cdot d\bm{S} + \int_{上面} \bm{E} \cdot d\bm{S} + \int_{下面} \bm{E} \cdot d\bm{S} \tag{1.60}$$

のように 3 つに分けると，側面では $\bm{E} \perp d\bm{S}$ であるので，面積分の値は 0 にな

1.6 導体と電界

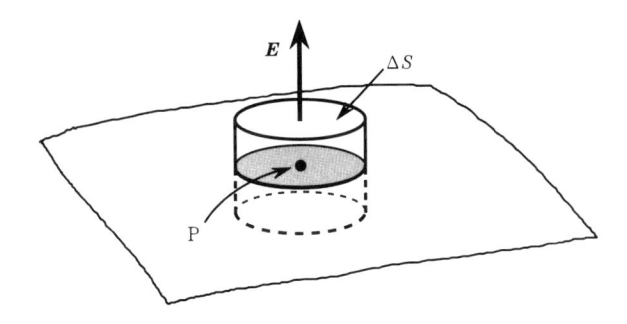

図 1.30 導体表面上の点 P 付近での電界 E と P を含むようにとられた閉曲面 S.

る．また，導体内部にある下面では $E=0$ であるために，同じく面積分の値は 0 になる．結局，上面での面積分だけが残る．上面ではどこでも $E//dS$ であり，E の強さは一定であるとしてよいので

$$\int_{\text{上面}} \boldsymbol{E} \cdot d\boldsymbol{S} = E\Delta S = \frac{\sigma \Delta S}{\varepsilon_0} \tag{1.61}$$

が得られる．これから E は

$$E = \frac{\sigma}{\varepsilon_0} \tag{1.62}$$

と求められる．これは導体表面のある場所の電荷密度とそのすぐ外側の電界の関係を表している．

空洞をもつ導体内の電界と電位

今度は内部に空洞をもつ導体を電界 E_0 の中に置いたとき，空洞内の電界と電位がどのようになるか考えてみよう．まず図 1.31(a) のように，空洞内に電荷がない場合から始めよう．導体の電位 ϕ は導体内ではどこでも等しい値をもつ．空洞内に電位 ϕ' の等電位面 S を考えてみる．ϕ' と ϕ の値が異なる限り等電位面 S と空洞の内壁とは接触することはなく，S は閉曲面になる．電界 E は電位の高いところから低いところに向かうので

$\phi < \phi'$ ならば，E は S 上のいたるところで外向き

$\phi > \phi'$ ならば，E は S 上のいたるところで内向き

となる.これから,$\phi \neq \phi'$であるならば,S上のいたるところで$\boldsymbol{E} \cdot d\boldsymbol{S} > 0$,または$\boldsymbol{E} \cdot d\boldsymbol{S} < 0$となるので

$$\oint_S \boldsymbol{E} \cdot d\boldsymbol{S} = \sum_{j'} \frac{q_{j'}}{\varepsilon_0} \neq 0 \tag{1.63}$$

となる.これは閉曲面S内に電荷が存在しなければならないことをあらわしていて,初めの仮定に矛盾する.したがって$\phi = \phi'$でなければならない.すなわち,空洞内に電荷がないときには,空洞内の電位は導体の電位に等しく,空洞内に電界は存在しない.

次は図1.31(b)のように,空洞内に電荷qがある場合を考えてみよう.以下のように3つの閉曲面S_1,S_2,S_3をとる.

S_1: 空洞内にあって,電荷qを含む閉曲面

S_2: 導体内にあって,空洞を包み込む閉曲面

S_3: 導体外にあって,導体を包み込む閉曲面

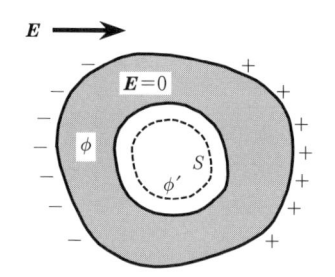

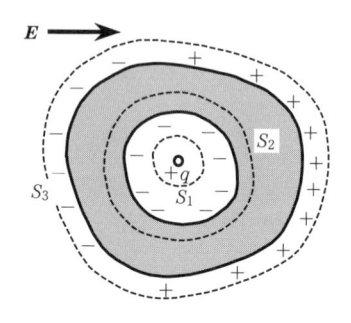

図1.31 電界$\boldsymbol{E}_0$の中に置かれた空洞をもつ導体

1.6 導体と電界

閉曲面 S_2 は導体内部にあるので，この上ではどこでも $\boldsymbol{E}=0$ である．したがって閉曲面 S_2 にガウスの法則を適用すると

$$\oint_{S_2} \boldsymbol{E} \cdot d\boldsymbol{S} = 0 \tag{1.64}$$

となる．これから S_2 の内側の電荷の総量は 0 でなければならない．空洞内には電荷 q が存在するが，導体中には電荷は存在しないので，**空洞の壁面に総量 $-q$ の電荷が現れる**ことがわかる．

次に閉曲面 S_1 にガウスの法則を適用すると

$$\oint_{S_1} \boldsymbol{E} \cdot d\boldsymbol{S} = \frac{q}{\varepsilon_0} \tag{1.65}$$

となる．この左辺が 0 でない値をもつことから，閉曲面 S_1 の上には電界が存在しなければならない．これより，**空洞には電界が存在し，電荷 q（または内壁）から出た電気力線は全て内壁（または電荷 q）で終わる**ことがわかる．

また閉曲面 S_3 にガウスの法則を適用すると

$$\oint_{S_3} \boldsymbol{E} \cdot d\boldsymbol{S} = \frac{q}{\varepsilon_0} \tag{1.66}$$

となる．導体中の電荷の総和は 0 であるから，**導体の外側の表面には総量 q の電荷が現れる**ことがわかる．

このように，導体によってすき間なく囲まれた空間内の電界は，導体外部の電界には影響されず，内部の電荷だけで決まる．この現象を**静電遮蔽** (electric shielding) という．

我々の住む地球は電気を通す性質をもつので導体とみなすことができる．地球は我々が扱う実験装置に比べて非常に大きいので，電位が 0 の無限遠まで続いていると考えてよい．導体を地球と導線でつなぐなどして電気的に接触することを**接地** (earth) という．**導体を接地すると導体の電位は 0 になる**．

〔例題 1.6.1　**電気的接触をもつ 2 つの導体表面の電荷分布**〕

半径 a と b の 2 つの球状導体を十分離して置き，この間を細い導線でつなぐ．これに総量 Q の電荷を与えたときに，両球の電位はどうなるか．また，両球の表面上の電荷密度はどうなるか．

[解答]
　両球は電気的に接触しているので電位 ϕ は等しい．半径 a と b の球の表面上にある電荷量をそれぞれ Q_a, Q_b とすると，例題 1.5.1 の結果から，両球の電位は

$$\phi = \frac{Q_a}{4\pi\varepsilon_0 a} = \frac{Q_b}{4\pi\varepsilon_0 b} \tag{1}$$

で与えられる．両球の表面上の電荷密度をそれぞれ σ_a と σ_b とすれば

$$\sigma_a = \frac{Q_a}{4\pi a^2}, \qquad \sigma_b = \frac{Q_b}{4\pi b^2} \tag{2}$$

であるから，式 (1) は

$$\phi = \frac{\sigma_a a}{\varepsilon_0} = \frac{\sigma_b b}{\varepsilon_0} \tag{3}$$

と表される．これから

$$\sigma_a = \frac{\varepsilon_0 \phi}{a}, \qquad \sigma_b = \frac{\varepsilon_0 \phi}{b} \tag{4}$$

が得られる．両球のもつ電荷の和 Q は

$$Q = 4\pi(a^2 \sigma_a + b^2 \sigma_b) \tag{5}$$

であるから，これに式 (4) の関係を代入すれば

$$Q = 4\pi \left(a^2 \frac{\varepsilon_0 \phi}{a} + b^2 \frac{\varepsilon_0 \phi}{b} \right) = 4\pi\varepsilon_0 \phi (a+b) \tag{6}$$

が得られる．これより電位 ϕ は

$$\phi = \frac{Q}{4\pi\varepsilon_0(a+b)} \tag{7}$$

と求められる．これを式 (4) に代入すれば，両球の表面上の電荷密度は

$$\sigma_a = \frac{Q}{4\pi a(a+b)}, \qquad \sigma_b = \frac{Q}{4\pi b(a+b)} \tag{8}$$

と求められる．

〔例題 1.6.2　空洞をもつ球状導体内外での電界と電位〕
　半径 b の同心円状の空洞をもつ半径 a の球状導体がある．中心 O に点電荷 q を置いたとき，空洞の内壁と導体の外側表面上に誘起される電荷の密度，および導体内外の電界と電位を求めよ．

1.6 導体と電界

[解答]
本節で学んだように,空洞の内壁には総量 $-q$ の電荷が,導体の外側表面には総量 q の電荷が誘起される.これから空洞の内壁と導体の外側表面上の電荷密度 σ_b と σ_a は,それぞれ

$$\sigma_b = -\frac{q}{4\pi b^2}, \qquad \sigma_a = \frac{q}{4\pi a^2} \tag{1}$$

と求められる.

電界の強さ E は,O を中心とする半径 r の球面 S にガウスの法則を適用して求めることができる (図 1.32(a) 参照).

$$\oint_S \boldsymbol{E} \cdot d\boldsymbol{S} = E \times (4\pi r^2) = \begin{cases} \dfrac{q}{\varepsilon_0} & (r > a) \\ 0 & (b < r < a) \\ \dfrac{q}{\varepsilon_0} & (r < b) \end{cases} \tag{2}$$

(a)

(b)

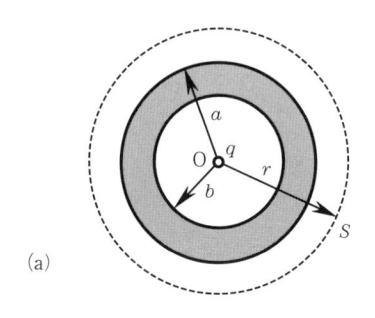

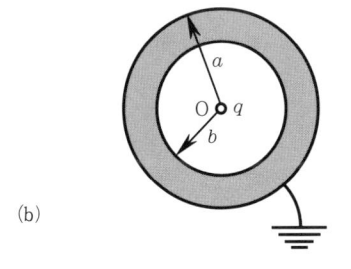

図 1.32 空洞をもつ球状導体内外での電界と電位. (a) 接地されない場合と (b) 接地された場合.

より，E は

$$E = \begin{cases} \dfrac{q}{4\pi\varepsilon_0 r^2} & (r > a) \\ 0 & (b < r < a) \\ \dfrac{q}{4\pi\varepsilon_0 r^2} & (r < b) \end{cases} \tag{3}$$

と求められる．

電位 ϕ は

$$\phi = \begin{cases} \displaystyle\int_r^\infty E\,dr & (r > a) \\ \displaystyle\int_r^a E\,dr + \int_a^\infty E\,dr & (b < r < a) \\ \displaystyle\int_r^b E\,dr + \int_b^a E\,dr + \int_a^\infty E\,dr & (r < b) \end{cases} \tag{4}$$

を計算することによって

$$\phi = \begin{cases} \dfrac{q}{4\pi\varepsilon_0 r} & (r > a) \\ \dfrac{q}{4\pi\varepsilon_0 a} & (b < r < a) \\ \dfrac{q}{4\pi\varepsilon_0}\left(\dfrac{1}{r} + \dfrac{1}{a} - \dfrac{1}{b}\right) & (r < b) \end{cases} \tag{5}$$

と求められる．

問 1.16 例題1.6.1の問題で，両球の表面での電界を求めて，式(1.62)の関係が成り立つことを示せ．

問 1.17 半径 a, b, c の3つの球状導体を十分離して置き，これらの間を細い導線でつなぐ．これら全体に総量 Q の電荷を与えたときに，個々の球の電位はどうなるか．また，個々の球の表面上の電荷密度はどうなるか．

問 1.18 例題1.6.2の問題を，図1.32(b)のように導体球を接地した場合について解け．

1.7 電気容量

電荷をもつ導体が真空中にあるとき，導体の電位と電荷の間の関係を考えてみよう．例として，半径 a の球状導体を考える．これに電荷 Q を与えたとき

1.7 電気容量

の電位を ϕ とする.このとき ϕ は

$$\phi = \frac{Q}{4\pi\varepsilon_0 a} \tag{1.67}$$

で与えられる(例題1.6.1参照).電荷 Q は電位 ϕ に比例するので,式(1.67)は

$$Q = C\phi, \tag{1.68}$$

$$C = 4\pi\varepsilon_0 a \tag{1.69}$$

と表すことができる.

一般に,任意の形状をした導体についても,与えられた電荷と電位との間には,式(1.68)の比例関係が成り立つ.この比例係数 C を導体の**電気容量**(capacitance)という.

次に図1.33のように,2つの導体 A と B を相対しておき,これらに電荷を与える場合を考えよう.このような一組の導体を一般に**コンデンサー**(condenser)という.導体 A と B に大きさが同じで符号の異なる Q,$-Q$ の電荷をそれぞれ与える.A と B の電位をそれぞれ ϕ_A,ϕ_B とすると,一般に次の関係が成り立つ.

$$Q = C(\phi_A - \phi_B) = C\Delta\phi \tag{1.70}$$

ここで $\Delta\phi$ は,導体 A と B の電位差である.この比例係数 C を**コンデンサーの電気容量**という.この電気容量 C は2つの導体の形状やその相対的位置関係によって決まる.電気容量の単位には**ファラド [F]** を用いる.式(1.68)と(1.70)から

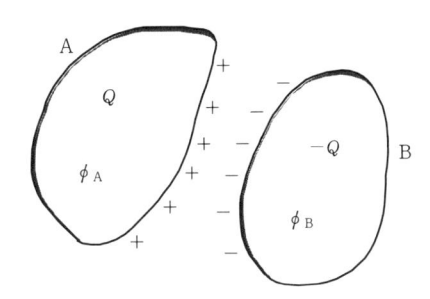

$$[\text{F}] = [\text{C/V}] = [\text{C}^2/\text{N m}] \tag{1.71}$$

図 1.33 相対しておかれた2つの導体(コンデンサー).

の関係があることがわかる．

電気容量の合成

図 1.34(a) のように，電気容量 $C_1, C_2, C_3, \cdots, C_N$ の N 個のコンデンサーを並列に接続して，これを 1 つのコンデンサーとみなしたときの合成容量 C は

$$C = C_1 + C_2 + C_3 + \cdots + C_N = \sum_{i=1}^{N} C_i \tag{1.72}$$

と表される（問 1.21 参照）．また図 1.34(b) のように，コンデンサーを直列に接続した場合の合成容量 C は

$$\frac{1}{C} = \frac{1}{C_1} + \frac{1}{C_2} + \frac{1}{C_3} + \cdots + \frac{1}{C_N} = \sum_{i=1}^{N} \frac{1}{C_i} \tag{1.73}$$

で与えられる (例題 1.7.4 参照)．

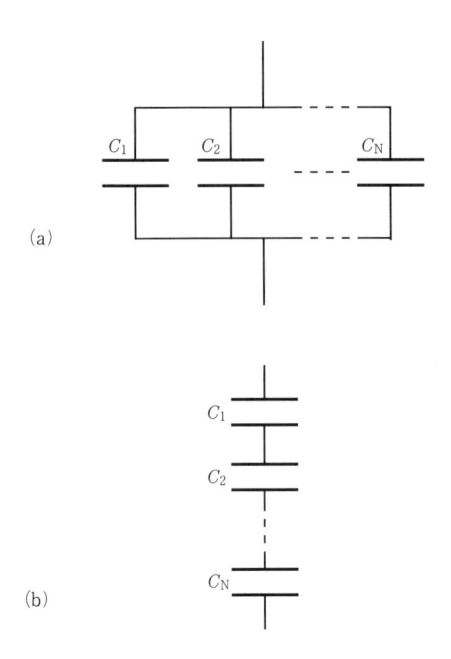

図 1.34 コンデンサーの (a) 並列接続と (b) 直列接続

1.7 電気容量

〔例題 1.7.1　平行板コンデンサー〕

図 1.35 のように，面積 S の板状導体を 2 枚平行に配置した平行板コンデンサーの電気容量を求めよ．ただし導体間の間隔 d は板の大きさに比べて十分小さく，電界は板に挟まれた空間にのみ存在するとする．

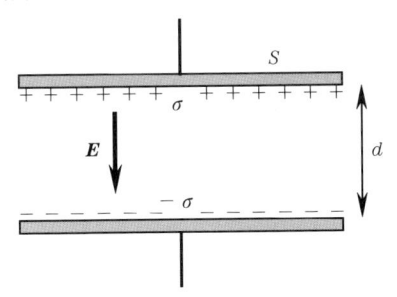

図 1.35　平行板コンデンサー

[解答]
　2 枚の極板に電荷 Q と $-Q$ の電荷を与えると，極板の外側の空間では，極板上の正と負の電荷がつくる電界が互いに打ち消し合うために電界は存在しない．電界は極板間にのみ存在するので，電荷は相対する極板の内側の面にのみ現れる．これによる極板間の電界 E は一定で，正と負の極板上の電荷密度をそれぞれ σ, $-\sigma$ とすると (p.41 式 (1.62) 参照)

$$E = \frac{\sigma}{\varepsilon_0} \tag{1}$$

と表される．したがって両極板間の電位差 $\Delta\phi$ は

$$\Delta\phi = Ed = \frac{\sigma}{\varepsilon_0}d \tag{2}$$

で与えられる．これに $Q = \sigma S$ の関係を代入すると

$$\Delta\phi = \frac{Qd}{\varepsilon_0 S} \tag{3}$$

が得られる．これから電気容量 C は

$$C = \frac{Q}{\Delta\phi} = \frac{\varepsilon_0 S}{d} \tag{4}$$

と求められる．

〔例題 1.7.2　同心球状コンデンサー〕

図 1.36 のような，半径 a の導体球とこれを囲む内半径 b の中心が同じ球殻導体からなるコンデンサーの電気容量を求めよ．

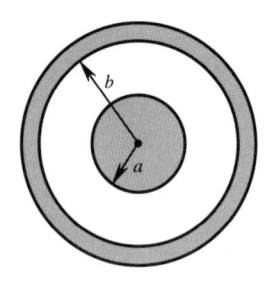

図 1.36 同心球状コンデンサー

[解答]

内側の導体球と外側の導体球殻にそれぞれ Q, $-Q$ の電荷を与えると，導体間の空間の電界 E は中心からの距離を r として

$$E = \frac{Q}{4\pi\varepsilon_0 r^2} \tag{1}$$

と表される．これから導体間の電位差 $\Delta\phi$ は

$$\Delta\phi = \int_a^b E\,dr = \int_a^b \frac{Q}{4\pi\varepsilon_0 r^2}\,dr = \frac{Q}{4\pi\varepsilon_0}\left(\frac{1}{a} - \frac{1}{b}\right) \tag{2}$$

となる．したがって電気容量 C は

$$C = \frac{Q}{\Delta\phi} = 4\pi\varepsilon_0 \frac{ab}{b-a} \tag{3}$$

と求められる．

〔例題 1.7.3 同軸円筒状コンデンサー〕

図 1.37 のように，半径 a，長さ l の円柱状導体と長さが同じで内半径 b の円筒状導体とを中心軸が一致するように配置して作ったコンデンサーの電気容量を求めよ．ただし導体間の間隔 $b-a$ は導体の長さに比べて十分小さく，電界は導体に挟まれた空間にのみ存在するとする．

[解答]

内側の円柱状導体と外側の円筒状導体に単位長さ当たりそれぞれ λ, $-\lambda$ の電荷を与えると，導体に挟まれた空間の電界 E は中心軸からの距離を r として

$$E = \frac{\lambda}{2\pi\varepsilon_0 r} \tag{1}$$

1.7 電気容量

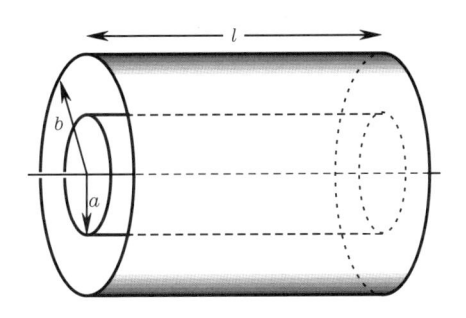

図 1.37 同軸円筒状コンデンサー

と表される（問 1.8 参照）．これから導体間の電位差 $\Delta\phi$ は

$$\Delta\phi = \int_a^b E\, dr = \int_a^b \frac{\lambda}{2\pi\varepsilon_0 r}\, dr = \frac{\lambda}{2\pi\varepsilon_0}\log\left(\frac{b}{a}\right) \tag{2}$$

となる．したがって電気容量 C は

$$C = \frac{\lambda l}{\Delta\phi} = \frac{2\pi\varepsilon_0 l}{\log\left(\dfrac{b}{a}\right)} \tag{3}$$

と求められる．

〔例題 1.7.4　コンデンサーの直列接続〕

図 1.34(b) のように，電気容量 $C_1, C_2, C_3, \cdots, C_N$ の N 個のコンデンサーを直列に接続したときの合成容量を求めよ．

[解答]

図 1.34(b) のように，全体の両端間に電位差 $\Delta\phi$ を与えると，全てのコンデンサーの両極にそれぞれ Q と $-Q$ の電荷が蓄えられる．このとき i 番目のコンデンサーの両極間の電位差を $\Delta\phi_i$ とすれば

$$Q = C_i \Delta\phi_i$$

の関係がある．全体の両端間に電位差 $\Delta\phi$ は $\Delta\phi_i$ の和で表されるから

$$\Delta\phi = \sum_{i=1}^{N} \Delta\phi_i = \sum_{i=1}^{N} \frac{Q}{C_i}$$

となる．これから合成容量 $C = Q/\Delta\phi$ は

$$\frac{1}{C} = \frac{\Delta\phi}{Q} = \sum_{i=1}^{N} \frac{1}{C_i}$$

と求められる．

問 1.19 地球を半径 6.4×10^6 [m] の導体球とみなして,その電気容量を計算せよ.

問 1.20 一辺 1.0×10^{-1} [m] の正方形状金属板 2 枚を間隔 1.0×10^{-3} [m] だけ離してつくった平行板コンデンサーの電気容量を計算せよ.

問 1.21 図 1.34(b) のように,電気容量 $C_1, C_2, C_3, \cdots, C_N$ の N 個のコンデンサーを並列に接続したときの合成容量を求めよ.

1.8 静電エネルギー

図 1.38 にあるように,無限遠から電荷を少しずつ運んできて,1 つの導体にある量の電荷を与えることを考えよう.電荷を運ぶ過程においては,すでに運び終えた導体上の電荷から反発力を受けるので外から仕事をしなければならない.一般にいくつかの導体に無限遠から電荷を運んできて,各々の導体にある量の電荷を与えるには外部から仕事をしなければならない.この仕事を**静電エネルギー** (electrostatic energy) という.

点電荷からなる系の静電エネルギー

静電エネルギーを求めるにあたって,まず空間の 2 点 P_1, P_2 にそれぞれ q_1, q_2 の点電荷をもってくるために必要な仕事を求めてみよう.まず q_1 だけを P_1 にもってくるには仕事は必要ない.次に q_2 を P_2 に運んでくるには,電荷 q_1

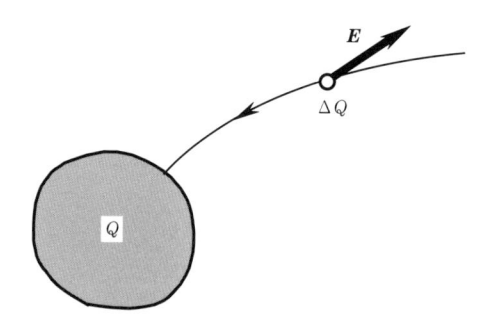

図 1.38 導体に電荷を与えるために必要な仕事.

1.8 静電エネルギー

からのクーロン力 $\boldsymbol{F}_{12}$ に抗して

$$W = \int_{\infty}^{P_2} (-\boldsymbol{F}_{12}) \cdot d\boldsymbol{l} = \int_{P_2}^{\infty} \boldsymbol{F}_{12} \cdot d\boldsymbol{l} = q_2 \left(\frac{q_1}{4\pi\varepsilon_0 r_{12}} \right) \tag{1.74}$$

だけの仕事をしなければならない．ここで r_{12} は P_1 と P_2 の間の距離である．点 P_1 にある電荷 q_1 が点 P_2 につくる電位を ϕ_{12} とし，点 P_2 にある電荷 q_2 が点 P_1 につくる電位を ϕ_{21} とすれば

$$\phi_{12} = \frac{q_1}{4\pi\varepsilon_0 r_{12}}, \qquad \phi_{21} = \frac{q_2}{4\pi\varepsilon_0 r_{12}} \tag{1.75}$$

であるから，式 (1.74) の W は

$$W = q_2 \phi_{12} = \frac{1}{2}(q_1 \phi_{21} + q_2 \phi_{12}) \tag{1.76}$$

と表される．

空間内の 3 点 P_1, P_2, P_3 に点電荷 q_1, q_2, q_3 がある場合の仕事も同様にして求めることができる．電荷 q_1 と q_2 を P_1 と P_2 にもってくるために必要な仕事は式 (1.76) と同じである．これに電荷 q_3 を P_3 にもってくるために要する仕事を加えればよいので，全体で必要な仕事 W は

$$\begin{aligned} W &= q_2 \phi_{12} + q_3(\phi_{13} + \phi_{23}) \\ &= \frac{1}{2}[q_1(\phi_{21} + \phi_{31}) + q_2(\phi_{12} + \phi_{32}) + q_3(\phi_{13} + \phi_{23})] \end{aligned} \tag{1.77}$$

となる．ここで ϕ_{ij} は点 P_i にある電荷 q_i が点 P_j につくる電位で，P_i と P_j の距離を r_{ij} とすれば

$$\phi_{ij} = \frac{q_i}{4\pi\varepsilon_0 r_{ij}} \tag{1.78}$$

で与えられる．式 (1.77) の W が静電エネルギーに等しい．

一般に N 個の点電荷 $(q_1, q_2, \cdots, q_N)$ が点 $(P_1, P_2, \cdots, P_N)$ にそれぞれあるときの静電エネルギー U は

$$\begin{aligned} U &= \frac{1}{2}[q_1(\phi_{21} + \phi_{31} + \cdots + \phi_{N1}) + q_2(\phi_{12} + \phi_{32} + \cdots + \phi_{N2}) + \\ &\quad \cdots + q_N(\phi_{1N} + \phi_{2N} + \cdots + \phi_{N-1N})] \\ &= \frac{1}{2} \sum_{i=1}^{N} q_i \left(\sum_{j \neq i} \phi_{ji} \right) \end{aligned} \tag{1.79}$$

のように表される. 点 P_i の電位 ϕ_i は

$$\phi_i = \sum_{j \neq i} \phi_{ji} \tag{1.80}$$

で与えられるから, これを用いると静電エネルギー U は

$$U = \frac{1}{2} \sum_{i=1}^{N} q_i \phi_i \tag{1.81}$$

と表される.

導体系の静電エネルギー

次に M 個の導体に電荷 $Q_1, Q_2, \cdots, Q_M$ を与えたときの静電エネルギーを考えてみよう (図 1.39). n 番目の導体上の l 番目の電荷を q_n^l, それが存在する点の電位を ϕ_n^l とする. 1 つの導体内では電位は一定であるので, ϕ_n^l は l に依存しない. すなわち n 番目の導体の電位を ϕ_n とすれば $\phi_n^l = \phi_n$ である. 静電エネルギー U は, 式 (1.81) より

$$U = \frac{1}{2} \sum_{n=1}^{M} \sum_{l} q_n^l \phi_n^l = \frac{1}{2} \sum_{n=1}^{M} \left(\sum_{l} q_n^l \right) \phi_n \tag{1.82}$$

と表される. ここで n 番目の導体上の電荷を Q_n とすれば, $Q_n = \sum_{l} q_n^l$ であるから, U は

$$U = \frac{1}{2} \sum_{n=1}^{M} Q_n \phi_n \tag{1.83}$$

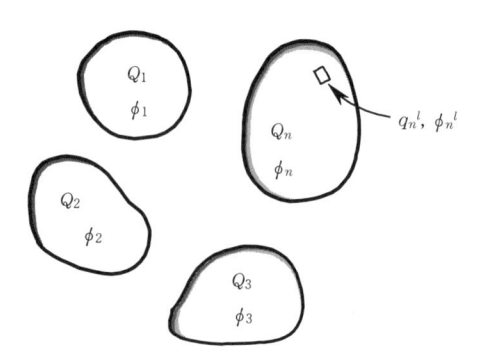

図 1.39 電荷をもつ導体系と電位.

1.8 静電エネルギー

となる.

コンデンサーの静電エネルギーを求めてみよう.コンデンサーを構成する一方の導体 A に電荷 Q を,もう一方の導体 B に電荷 $-Q$ を与えたとき,これらの電位がそれぞれ ϕ_A, ϕ_B になったとする.このとき静電エネルギー U は式 (1.83) から

$$U = \frac{1}{2}(Q\phi_A - Q\phi_B) = \frac{1}{2}Q\Delta\phi \tag{1.84}$$

と表される.ここで $\Delta\phi$ は 2 つの導体間の電位差 $\phi_A - \phi_B$ である.

導体を帯電させるのに要した仕事,すなわち静電エネルギーがどこに蓄えられるかという問題に対して 2 つの考え方がある.静電エネルギーは電荷の位置エネルギーとして導体に蓄えられるという考え方(直達説的な考え方)が 1 つ.もう 1 つは,静電エネルギーは電界の中に蓄えられるという考え(媒達説的な考え方)である.以下に後者の考え方を説明しよう.

電界のエネルギー

図のような面積 S の 2 枚の導体板を間隔 d だけ離して配置した平行板コンデンサーを考える.2 つの極板に挟まれた空間には一様な電界ができる.正負両極板上の電荷密度をそれぞれ σ, $-\sigma$ とすれば電界の強さ E は

$$E = \frac{\sigma}{\varepsilon_0} \tag{1.85}$$

となる.極板上の電荷 Q と両極板間の電位差 $\Delta\phi$ は $Q = S\sigma$, $\Delta\phi = Ed$ で与

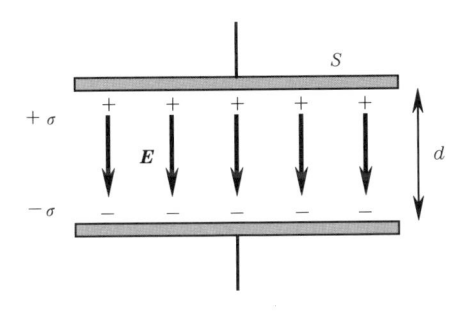

図 1.40 平行板コンデンサーの極板間に蓄えられる電界のエネルギー.

えられるので，静電エネルギー U は

$$U = \frac{1}{2}Q\Delta\phi = \frac{1}{2}(S\sigma)(Ed) = \left(\frac{1}{2}\varepsilon_0 E^2\right) \times (Sd) \tag{1.86}$$

と書き表される．Sd は電界が存在する空間の体積であるから，この空間には単位体積当たり

$$w = \frac{1}{2}\varepsilon_0 E^2 \tag{1.87}$$

だけのエネルギーが蓄えられていることがわかる．この式は電界が一様でなく場所によって変わる場合や時間的に変動する場合にも一般的に成り立つ式である．

〔例題 1.8.1　同心球状コンデンサーの静電エネルギー〕
　半径 a の導体球とこれを囲む内半径 b の中心が同じ球殻導体からなるコンデンサーを電位差 V で充電したとき，静電エネルギーが電界中に蓄えられるとしてこれを求め，式 (1.84) から求めた結果と等しいことを示せ．

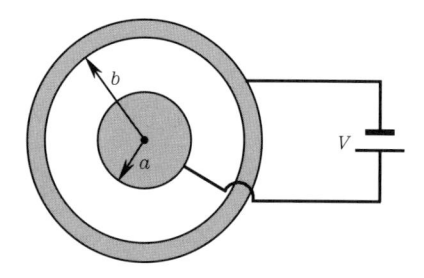

図 1.41　充電された同心球状コンデンサー

[解答]
　電位差 V で充電したとき，内側の導体球と外側の導体球殻がそれぞれ Q, $-Q$ の電荷をもつとすると，導体間の空間の電界 E は中心からの距離を r として

$$E = \frac{Q}{4\pi\varepsilon_0 r^2} \tag{1}$$

と表される．このとき V と Q の間には

$$V = \int_a^b E\,dr = \int_a^b \frac{Q}{4\pi\varepsilon_0 r^2}dr = \frac{b-a}{4\pi\varepsilon_0 ab}Q \tag{2}$$

の関係がある．これから Q は

$$Q = \frac{4\pi\varepsilon_0 ab}{b-a}V \tag{3}$$

1.8 静電エネルギー

と求められる．これを式 (1) に代入すると，電界 E は

$$E = \frac{abV}{(b-a)r^2} \tag{4}$$

と表される．電界中の単位体積当たりに蓄えられるエネルギー w は

$$w = \frac{1}{2}\varepsilon_0 E^2 = \frac{1}{2}\varepsilon_0 \left(\frac{abV}{b-a}\right)^2 \frac{1}{r^4} \tag{5}$$

であるから，半径 r と $r+dr$ の2つの球面に挟まれた空間に蓄えられるエネルギー dU は

$$dU = \frac{1}{2}\varepsilon_0 \left(\frac{abV}{b-a}\right)^2 \frac{1}{r^4} 4\pi r^2 \, dr \tag{6}$$

となる．したがって電界中に蓄えられるエネルギー U は

$$U = \int dU = 2\pi\varepsilon_0 \left(\frac{abV}{b-a}\right)^2 \int_a^b \frac{1}{r^2}dr = \frac{2\pi\varepsilon_0 abV^2}{b-a} \tag{7}$$

と求められる．また，式 (1.84) に式 (3) で与えられる Q を代入すると

$$U = \frac{1}{2}QV = \frac{2\pi\varepsilon_0 abV^2}{b-a} \tag{8}$$

となり，式 (7) の結果と等しくなる．

問 1.22 電気容量 100 [pF] のコンデンサーを電圧 100 [V] で充電したとき，コンデンサーに蓄えられる静電エネルギーはいくらになるか．ただし，1 [pF]=10^{-12} [F] である．

問 1.23 半径 a の導体球上に電荷 Q を与えたときの静電エネルギーを，これが電界中に蓄えられているとして求めよ．

問 1.24 前節の例題 1.7.3 にあるように，半径 a，長さ l の円柱状導体と長さが同じで内半径 b の円筒状導体とを中心軸が一致するように配置して作ったコンデンサーを電圧 V で充電する．このときの静電エネルギーを，これが電界中に蓄えられているとして求めよ．

演習問題 1

1.1 距離 1 [Å] を隔てた 2 個の電子の間に働くクーロン力と万有引力の大きさを求めよ．ただし，電子の質量と電荷はそれぞれ $m_\mathrm{e} = 9.11\times10^{-31}$ [kg]，$-e = -1.60\times10^{-19}$ [C] である．また，万有引力定数は $G = 6.67\times10^{-11}$ [N m^2/kg^2] である．

1.2 原点 O に電荷 e をもつ陽子があり，そのまわりを質量 m，電荷 $-e$ をもつ電子が半径 a の等速円運動をしている．電子の運動エネルギーと位置エネルギーおよびこれらを加え合わせた力学的エネルギーを求めよ．

1.3 図 1.42(a) にあるように，質量 m，正電荷 q をもつ小球に質量の無視できる長さ l の糸を付け，この糸の他端を定点 O に固定した振り子をつくる．これを無重力状態のもとで，強さ E の一様な電界の中に置いたとき，小球の微小振動の周期を求めよ．

1.4 図 1.42(b) のように，長さ $2a$ の細い導体の棒を正三角形になるように配置して，これに電荷を線密度 λ で一様に与えたとき，三角形の中心 O を通り三角形に垂直な軸上で O から距離 z の点 P での電界を求めよ．

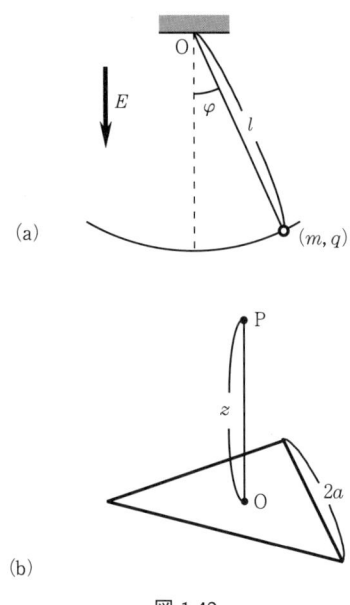

図 1.42

演習問題 1

1.5 半径 a の円輪上に電荷が一様に線密度 λ で分布している．円輪の中心軸上で円輪の中心 O から距離 z の点 P での電位を求めよ．ただし，電位の基準点は無限遠とする．

1.6 図 1.43(a) のように，半径 a の 2 つの円輪を中心が z 軸上にあるように，原点 O を中心として間隔 $2d$ だけ隔てて平行に配置する．（1）上と下の円輪に電荷を一様にそれぞれ線密度 λ と $-\lambda$ で与えたとき，および（2）上と下の円輪に電荷を一様に共に線密度 λ で与えたとき，z 軸上で O から距離 z の点 P での電界と電位を求めよ．ただし，電位の基準点は無限遠とする．

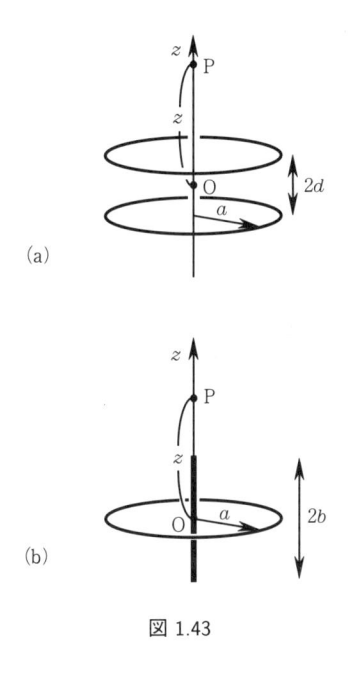

図 1.43

1.7 図 1.43(b) のように，z 軸上に原点 O を中心として長さ $2b$ にわたって電荷が一様に線密度 λ で分布し，さらに xy 平面内で O を中心とする半径 a の円輪上に電荷が一様に線密度 λ' で分布している．z 軸上で O から距離 $z\,(>b)$ の点 P での電界と電位を求めよ．ただし，電位の基準点は無限遠とする．

1.8 図 1.44(a) のように，外側が半径 a の球面で内側に中心が同じ半径 $b\,(<a)$ の空洞をもった導体 A と，半径 $c\,(<b)$ の球状導体 B とが，中心 O が同じくなるように置いてある．以下の問に答えよ．

図 1.44

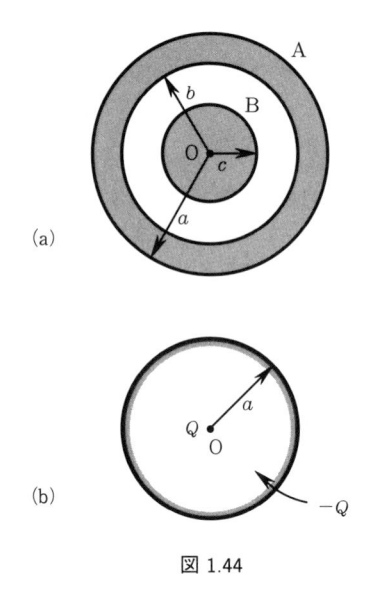

(1) 導体 B に電荷 Q を与え，導体 A には電荷を与えないとき，導体 A の内壁に現れる電荷の総量 Q_1 と外側の表面に現れる電荷の総量 Q_2 を求めよ．
(2) 中心 O から距離 r の位置における電界と電位を $r > a, a > r > b, b > r > c, c < r$ の 4 つの場合に分けて求めよ．ただし，電位の基準点は無限遠とする．
(3) 導体 B に電荷 Q を与え，導体 A には電荷 $-Q$ を与えたとき，導体 A の内壁に現れる電荷の総量 Q_1 と外側の表面に現れる電荷の総量 Q_2 を求めよ．
(4) 導体 A と B の組を一つのコンデンサーと見なしたとき，その電気容量を求めよ．

1.9 図 1.44(b) のように，半径 a の球の中心 O に点電荷 Q があり，さらに，総量 $-Q$ の電荷が球全体に一様に分布している．球の中心 O より距離 r の点の電界と電位を求めよ．ただし，電位の基準点は無限遠とする．

1.10 半径 a の無限に長い円柱がある．この中心軸上に単位長さ当たり λ の電荷が分布し，さらに，別の電荷が円柱全体に一様に軸方向の単位長さ当たり $-\lambda$ で分布している．中心軸より距離 r の点の電界と電位を求めよ．ただし，電位の基準点は無限遠とする．

1.11 2 つの平行板電極間に 1 [V] の電位差を与え，電子を負の極板の前に初速度 0 で置くと，電子は電界によって加速されて正の極板に達する．この間に電子が得た運動エネルギーを求めよ．

演習問題 1   61

1.12 図 1.45(a) に示されたような寸法をもつ 2 枚の平行板電極を間隔 d だけ隔てて置き，これに電位差 V を与えて下向きに一様な電界をつくる．いま質量 m，電荷 $-e$ をもつ電子を初速度 v_0 で水平に入射させると，電子は極板間を通過した後，水平方向とどれだけの角度をなす方向に進んで行くか求めよ．ただし，重力は無視する．

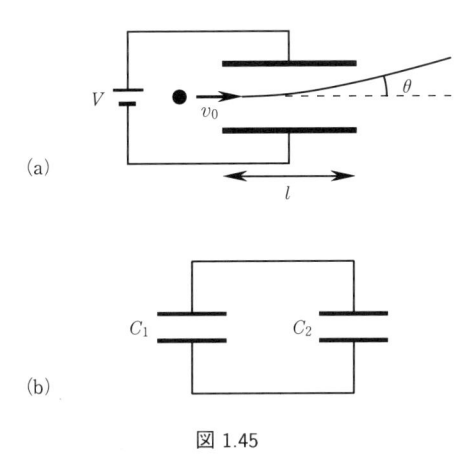

図 1.45

1.13 電気容量が C_1 と C_2 の 2 つのコンデンサーがある．初めに容量 C_1 のコンデンサーを電位差 V で充電する．このとき容量 C_1 のコンデンサーに蓄えられる静電エネルギーを求めよ．次に，これを電源から切り放し，充電されていないもう一方のコンデンサーに並列につなぐと全体の静電エネルギーはどうなるか (図 1.45(b) 参照)．

1.14 図 1.46(a) のように，面積 S の 2 枚の薄い導体極板を間隔が d_1 になるように平行に置き，一方に電荷 Q を他方に $-Q$ の電荷を与える．以下の問に答よ．ただし，導体上の電荷密度は場所によらず一定であり，電界は両導体間にのみ存在するものとする．
 (1) 両極板の引き合う力を求めよ．
 (2) 極板に力を加えて間隔を d_2 まで拡げるとき，どれだけの仕事が必要か．
 (3) 図 1.46(b) のように，両極板間の電位差を常に V に保つようにして，極板間の間隔を d_1 から d_2 まで変化させるとき，どれだけの仕事が必要か．

(a)

(b)

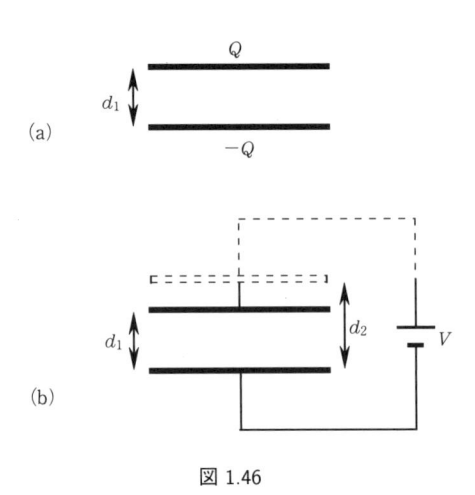

図 1.46

1.15 面積 S, 間隔 d の平行板コンデンサーの一方の極板に電荷 Q を他方に $-Q$ を与える. 極板の間に, 面積が同じで厚さ t の板状導体を極板に平行に入れると, 全体の電気容量はどうなるか (図 1.47(a)). また, このときのコンデンサー全体がもつ静電エネルギーを求めよ.

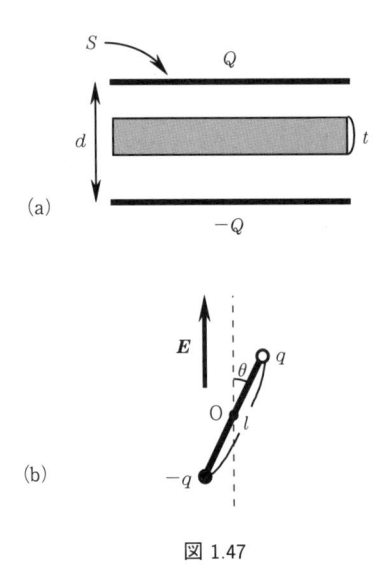

(a)

(b)

図 1.47

1.16 図 1.47(b) のように，長さ l の細い棒の両端に小さな導体球が取り付けてあり，棒の中心 O のまわりに自由に回転できるようになっている．導体球の一方に電荷 q ($q > 0$) を他方に $-q$ を与え，全体を一様な電界 E の中に置く．棒と電界とのなす角度を θ としたとき，全体の位置エネルギーは，$\theta = 90°$ の状態を基準にとると，

$$U = -Eql\cos\theta$$

と表されることを示せ．

2 電流と磁界

　電荷の流れが**電流**である．この電流の重要な作用の一つが**磁界**をつくることである．本章では時間的に変動しない**定常電流**がつくる**静磁界**について解説する．

　電流がつくる磁界という概念を最初から理解することはなかなか難しいようである．高校の教科書などでは，電荷に対応するものとして**磁荷**を導入して，この間に電荷間と同様に**クーロン力**が働くことを述べて，その後で電界と同じように磁界の概念を解説しているものが多く見られる．磁荷は存在が確認されていない仮想的なものであるが，これを導入すると磁界の理解が幾分易しくなるということで，そのような記述がなされるようである．

　しかし，実際には磁界は全て電流によってつくられている．電磁石はもちろんのこと，永久磁石もミクロに見れば，小さな円電流の集合体である．本章では「**磁界は電流によってつくられる**」という立場から磁界の解説を行う．しかし，磁界が電流と平行にできるならばイメージも描きやすいのだが，実際には磁界は電流に対してあさっての方向を向いている．したがって，磁界を表す**磁束密度**の導入にあたって唐突の感を抱く人も多いと思われる．しかし，少しの間だけ我慢してついてきてほしい．**ビオ・サバールの法則**や**アンペールの法則**は電流と磁界の関係を表す法則である．例題や問によって，ビオ・サバールの法則やアンペールの法則から電流のまわりにできる磁界を実際に求めてゆくうちに，必ず磁界が理解できるようになると思う．

2.1 電　流

　導線のような導体の両端に一定の電位差を与えると導体の内部には電界が生じる．この電界によって導体内で自由に動くことができる**自由電子** (free electron) は電界と反対向きに加速される．しかしこの自由電子は正の電荷をもった陽イオンによって散乱されるために加速され続けることはなく，平均するとある一定の速度で動く．この結果，導体内部には巨視的に見ると一様な電荷の流れが生じる．この電荷の流れを**電流** (electric current) とよぶ．電流が流れている導体の状態は，何も変化の起こらなくなった平衡状態ではなく，導体中には電界が存在することに注意しよう．

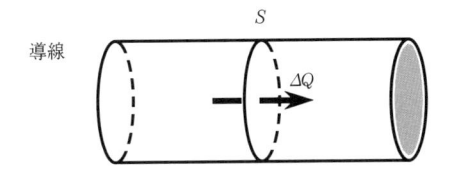

図 2.1　断面積 S を微小時間 Δt の間に通過する電荷 ΔQ

　図 2.1 のような断面積 S [m^2] の導線を考える．この断面を微小時間 Δt [s] の間に ΔQ [C] の電荷が通過するとき，この断面を流れる電流 I は

$$I = \lim_{\Delta t \to 0} \frac{\Delta Q}{\Delta t} = \frac{dQ}{dt} \tag{2.1}$$

と定義される．電流の単位は**アンペア** [**A**] で表される．式 (2.1) から

$$[\mathrm{A}] = [\mathrm{C/s}] \tag{2.2}$$

の関係があることがわかる．導線のある断面を 1 [A] の電流が流れているときには，この断面を 1 [s] の間に 1 [C] の電荷が通過していることになる．
　電流の方向と向き，および大きさが時間変化しないとき，この電流を**定常電流** (stationary electric current) あるいは**直流** (direct current) という．これに対して，一定の周期で向きと大きさを変える電流を**交流** (alternating current) という．本章では定常電流のみを扱う．
　電流は上のように定義されるが，太い導線と細い導線とでは，同じ量の電流が流れていても，その流れ方は異なっている．すなわち太い導線のほうが単位面

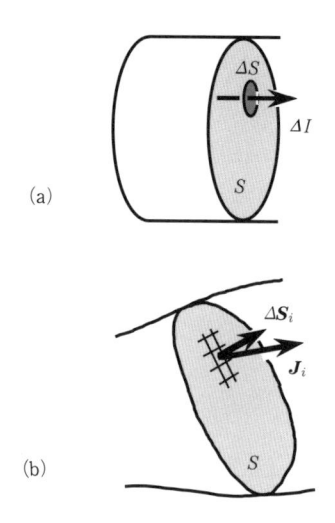

図 2.2 (a) 太さが一様な導体と (b) 一般の形状をした導体を流れる電流

積あたりの電流が小さい.物理では,電流そのものよりも単位面積当たりの電流の方が重要である場合が多い.この**単位面積当たりの電流**を**電流密度** (electric current density) という.図 2.2(a) のように,導線のある断面 S の中に微小面積 ΔS をとり,ここを流れる電流を ΔI とするとき,電流密度 J は

$$J = \lim_{\Delta S \to 0} \frac{\Delta I}{\Delta S} = \frac{dI}{dS} \tag{2.3}$$

のように定義される.電流密度の単位は $[\text{A}/\text{m}^2]$ である.

太さが一定で,材質も一様な導線内を流れる電流のように,電流密度 J が断面 S のどこでも同じ場合には,この断面を通過する電流 I は

$$I = JS \tag{2.4}$$

となる.しかし一般に導体内を流れる電流は場所によって方向と向きおよび大きさが異なっている.したがってより一般的には,電流密度はベクトル $\boldsymbol{J}$ で表される.この場合,$\boldsymbol{J}$ の方向と向きがその場所での電流の方向と向きを表し,$\boldsymbol{J}$ の大きさがそこでの電流密度を表す.

図 2.2(b) のように,一般的な形状をした導体内を電流が流れている場合を考えよう.導体の任意の断面を S とし,これを微小な面積 ΔS_i に分割する.大

2.1 電流

きさが ΔS_i と同じで、方向がこれに垂直であり、左から右に向かうベクトルを $\Delta \boldsymbol{S}_i$ とする。微小面積 ΔS_i での電流密度を $\boldsymbol{J}_i$ とすれば、ここを左から右に流れる電流 ΔI_i は、$\Delta I_i = \boldsymbol{J}_i \cdot \Delta \boldsymbol{S}_i$ で与えられる。したがって、断面 S を流れる電流 I は、ΔI_i の i についての和をとった後に、$\Delta S \to 0$ の極限をとることによって

$$I = \lim_{\Delta S \to 0} \sum_i \boldsymbol{J}_i \cdot \Delta \boldsymbol{S}_i = \int_S \boldsymbol{J} \cdot d\boldsymbol{S} \tag{2.5}$$

と表される。この式は、S が必ずしも平面でなく、導体の表面と縁を接する任意の曲面である場合にも一般的に成り立つ式である。

オームの法則

図 2.3 のように一様な材質でできた断面積 S、長さ l の導線の両端に電位差 V を与えたとき、導線を流れる電流 I と V の間にはよく知られた**オームの法則** (Ohm's law)

$$V = RI \tag{2.6}$$

が成り立つ。ここで R は**電気抵抗** (electric resistance) とよばれ、導線の材質と形状および温度によって決まる定数である。電気抵抗の単位には**オーム** [Ω] が用いられる。

導線内の電界 E と電位差 V との間には

$$V = El \tag{2.7}$$

の関係がある。この関係と式 (2.4) の関係を式 (2.6) に代入すると

$$E = \frac{RS}{l} J \tag{2.8}$$

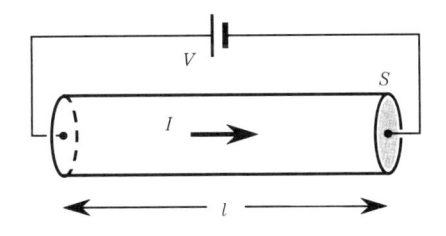

図 2.3 両端に電位差 V を与えられた断面積 S の導体を流れる電流 I

が得られる．ここで

$$\rho = \frac{RS}{l} \tag{2.9}$$

とおくと，式 (2.8) は

$$E = \rho J \tag{2.10}$$

と表される．定数 ρ は**電気抵抗率** (electric resistivity) とよばれ，導線の材質と温度だけで決まる物理量である．電気抵抗率の単位は $[\Omega\,\mathrm{m}]$ である．式 (2.10) は微視的に見たオームの法則ということができる．図 2.4 は，金属，半導体および超伝導体の電気抵抗率の温度依存性を模式的に表したものである．電気抵抗率 ρ の逆数で与えられる量

$$\sigma = \frac{1}{\rho} \tag{2.11}$$

を**電気伝導率** (electric conductivity) という．σ を用いると，式 (2.10) は

$$J = \sigma E \tag{2.12}$$

となる．

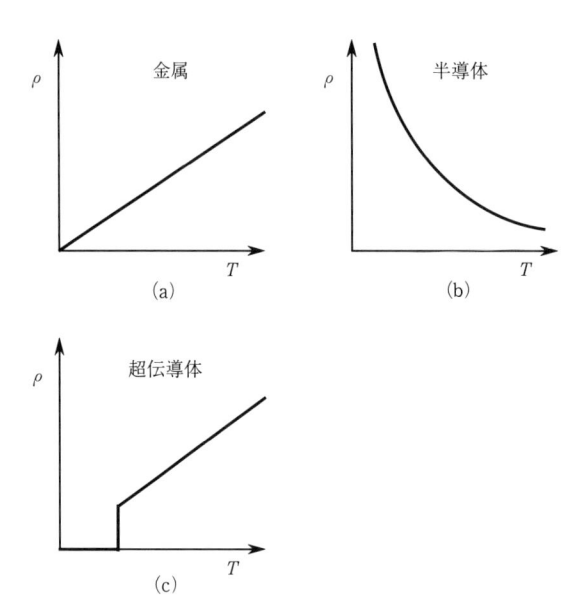

図 2.4 金属，半導体および超伝導体の電気抵抗率の温度依存性

2.1 電流

一般の形状をした導体内を電流が流れる場合には，導体内の電流密度と電界はベクトル量となり，一般に場所によってその値は異なる．このとき式 (2.12) の関係は

$$\boldsymbol{J} = \sigma \boldsymbol{E} \tag{2.13}$$

のように書き表される．

〔例題 2.1.1　導線の電気抵抗〕
　長さ l_1 [m]，質量 m_1 [kg] の導線の抵抗が R_1 [Ω] であるとき，同じ材質でできた長さ l_2 [m]，質量 m_2 [kg] の導線の抵抗 R_1 [Ω] を求めよ．

[解答]
　導線の抵抗率を ρ とすれば，長さ l，断面積 S の導線の抵抗 R は

$$R = \rho \frac{l}{S} \tag{1}$$

となる．また，導線の質量を m，材質の密度を d とすれば，断面積 S は

$$S = \frac{m}{ld} \tag{2}$$

で与えられる．この2つの式から抵抗 R は

$$R = \rho d \frac{l^2}{m} \tag{3}$$

と表される．$l = l_1$，$m = m_1$，$R = R_1$ を代入すると

$$\rho d = \frac{R_1 m_1}{l_1^2} \tag{4}$$

が得られる．これから $l = l_2$，$m = m_2$ のときの抵抗 R_2 は

$$R_2 = \rho d \frac{l_2^2}{m_2} = \frac{R_1 m_1}{l_1^2} \frac{l_2^2}{m_2} = R_1 \frac{m_1 l_2^2}{m_2 l_1^2} \tag{5}$$

と求められる．

問 2.1　長さ 100 [m]，質量 0.1 [kg] の銅線の抵抗が 160 [Ω] であるとき，長さ 300 [m]，質量 1 [kg] の銅線の抵抗を求めよ．

問 2.2　電気抵抗率が 1×10^{-6} [Ω m]，直径 1 [mm] のニクロム線で電気抵抗 50 [Ω] の抵抗線を作るとき，長さをどれだけにすればよいか．

2.2 電流に作用する力と磁束密度

2本の導線に電流を流すと，一方の導線は他方に対して力を及ぼすことが実験的に知られている．図2.5のように，距離 r を隔てて置かれた十分に長い2本の平行な導線に電流 I_1 と I_2 が流れているとする．このとき導線上の長さ l の部分に働く力は，長さ l と両電流の積 $I_1 I_2$ に比例して，導線間の間隔 r に反比例する．またこの力は電流の向きが同じ場合には引力となり，逆向きの場合には斥力となる[1]．

この導線間に働く力は電流 I_1 と I_2 の間に働く力と考えることができるので，その大きさ F は

$$F = \frac{2k_m I_1 I_2}{r} l \tag{2.14}$$

のように表すことができる．定数 k_m は，真空中で

$$k_m = 1 \times 10^{-7} \ [\text{N/A}^2] \tag{2.15}$$

で与えられる．ここで

$$\mu_0 = 4\pi k_m = 4\pi \times 10^{-7} \ [\text{N/A}^2] \tag{2.16}$$

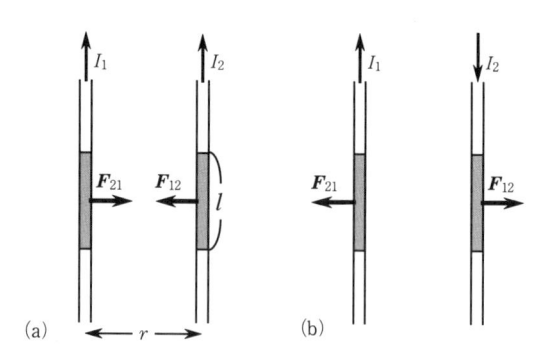

図 2.5 電流の流れる平行導線間に働く力．電流が (a) 平行と (b) 反平行な場合

---

[1]電流が流れていても電気的に中性な導線間に力が働くことは不思議なことである．現在ではこの力をクーロンの法則とアインシュタイン (Einstein) の相対性理論とから導くことができる．また同じ電流でも，例えば電子線のように，電気的に中性でない2本の電流がある場合には，これらはその向きに関係なくクーロン力によって互いに反発し合う．

2.2 電流に作用する力と磁束密度

で定義される**真空の透磁率** μ_0 (permeability of vacuum) を用いると，式 (2.14) は

$$F = \frac{\mu_0}{4\pi} \frac{2I_1 I_2}{r} l \tag{2.17}$$

となる．式 (2.14) あるいは (2.17) から，電流を前節 (p.66) の定義とは別に，次のように定義することができる．すなわち，真空中で距離 1 [m] を隔てて平行に置かれた導線に同じ量の電流が流れているとき，導線 1 [m] 当たりに働く力が 2×10^{-7} [N] であるとき，その電流を 1 [A] と定義するのである．

磁界と磁束密度

さて，上に述べたように，電流の流れる 2 本の導線間には力が働くわけであるが，この力を次のように考えてみよう．すなわち，一方の導線に電流が流れると，そのまわりの空間に**磁界** (magnetic field) が生じ，もう一方の導線を流れる電流は，その磁界から力を受けると考えるのである．

図 2.6 のように，2 本の導線 1 と 2 に電流 I_1 と I_2 が流れている場合を考えよう．導線 2 の上に微小な線分 Δs をとる．この部分の電流 $I_2 \Delta s$ (これを**電流素片**という) に導線 1 を流れる電流 I_1 が及ぼす力を $\Delta \boldsymbol{F}_{12}$ とし，この力を

$$\Delta \boldsymbol{F}_{12} = I_2 \Delta \boldsymbol{s} \times \boldsymbol{B}_1 \tag{2.18}$$

のように表す．ここで，ベクトル $\boldsymbol{B}_1$ は，電流 I_1 が導線 2 の Δs の部分につくる磁界を表す物理量で**磁束密度** (magnetic flux density) とよばれる．また，記

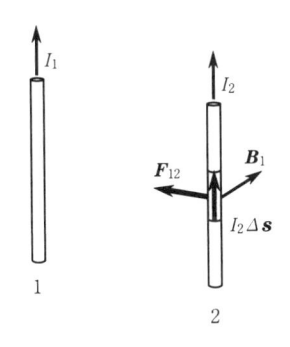

図 2.6 導線 1 を流れる電流 I_1 がつくる磁束密度 $\boldsymbol{B}_1$ と導線 2 上の電流素片 $I_2 \Delta s$ に働く力 $\Delta \boldsymbol{F}_{12}$

号 × はベクトルの**外積**を表す (付録参照). 式 (2.18) から $I_2\Delta s$ と ΔF_{12} を測定すれば B_1 がわかるので, 式 (2.18) は電流 I_1 がつくる磁束密度 B_1 の定義式と見ることができる. 磁束密度の単位には, **テスラ** [T] あるいは [Wb/m^2] が用いられ, 次の関係がある.

$$[\text{T}] = [\text{Wb/m}^2] = [\text{N/A m}] \tag{2.19}$$

ここで単位 [**Wb**] (**ウェーバー**) は, 後にでてくる**磁束** (magnetic flux) の単位である.

図 2.5 のように電流 I_1 と I_2 が平行である場合には, ΔF_{12}, $I_2\Delta s$, B_1 は互いに直交するので, ΔF_{12} の大きさ ΔF_{12} は Δs の大きさ Δs と B_1 の大きさ B_1 を用いて $\Delta F_{12} = I_2\Delta s B_1$ と表される. また式 (2.17) と (2.18) を比較すると, $F \leftrightarrow \Delta F_{12}$, $I_2 l \leftrightarrow I_2\Delta s$ の対応関係があるので, 磁束密度 B_1 の大きさは

$$B_1 = \frac{\mu_0 I_1}{2\pi r} \tag{2.20}$$

であることがわかる. このように直線電流の作る磁束密度は, 式 (2.20) で与えられる.

一般に, 空間のある点における磁束密度 B は, その点に置かれた電流素片 $I\Delta s$ とそれに働く力 ΔF とによって

$$\Delta F = I\Delta s \times B \tag{2.21}$$

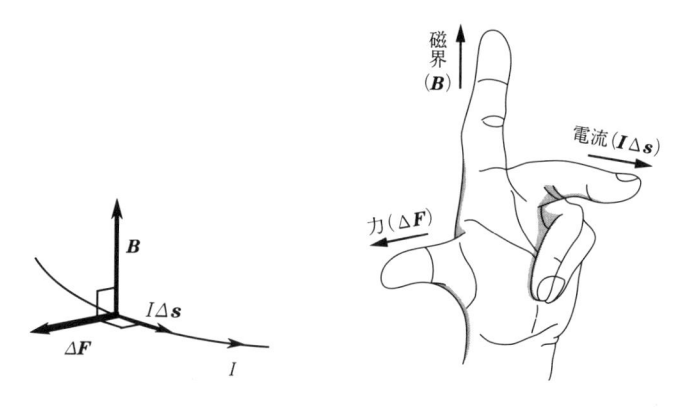

図 2.7 フレミングの左手の法則

2.2 電流に作用する力と磁束密度

のように定義される.逆に空間のある点の磁束密度がわかっていれば,その点に置かれた電流素片に働く力は式 (2.21) で与えられる.この関係は,図 2.7 にあるように**フレミング** (Fleming) の**左手の法則**として知られている.

ローレンツ力

電流は荷電粒子 (主に電子) の流れであるので,電流が磁界から受ける力は運動する荷電粒子に働く力と考えることができる.

図 2.8 にあるように,断面積 S の導線中に電荷 q をもった荷電粒子が単位体積中に n 個あり,平均速度 v で動いているとしよう.電流 I は断面を 1 秒間に通過する電荷の総量に等しい.1 秒間にある断面を通過する粒子の数は,ここから測って長さ v の範囲内の粒子の数 nvS に等しいので

$$I = qnvS \tag{2.22}$$

となる.導線に沿って微小な線分 Δs をとると,電流素片 $I\Delta s$ は,v と Δs が平行であるので

$$I\Delta s = (qnS\Delta s)v \tag{2.23}$$

と表される.したがって電流素片 $I\Delta s$ が磁界から受ける力 ΔF は

$$\Delta F = (qnS\Delta s)\, v \times B \tag{2.24}$$

となる.微小線分 Δs 内の荷電粒子の総数は $nS\Delta s$ であるから,荷電粒子 1 個が磁界から受ける力 F は

$$F = q\, v \times B \tag{2.25}$$

と表される.この力 F を**ローレンツ力** (Lorentz force) とよぶ.ローレンツ力

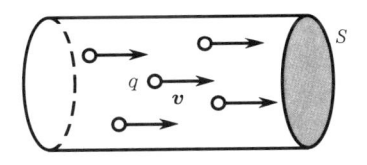

図 2.8 導体中を動く電荷

の x, y, z 成分は

$$F_x = q(v_y B_z - v_z B_y), \qquad F_y = q(v_z B_x - v_x B_z), \qquad F_z = q(v_x B_y - v_y B_x)$$
(2.26)

のように書き表される．

〔例題 2.2.1　電流の流れる円筒状導体の側面に働く力〕

半径 a の円筒状導体の軸方向に電流 I が流れているとき，円筒状導体の側面の単位面積当たりに働く力を求めよ．

[解答]

図 2.9 は円筒状導体を上から見たものである．$\varphi = 0$ を中心として，円筒の周に沿って微小な幅 Δw の領域 A をとると，ここを流れる電流 ΔI_A は

$$\Delta I_\mathrm{A} = \frac{\Delta w}{2\pi a} I \tag{1}$$

となる．円周上で角度 φ と $\varphi + d\varphi$ の間および $-\varphi$ と $-\varphi - d\varphi$ の間の領域をそれぞれ B と C すると，これらを流れる電流は共に

$$dI_\mathrm{B} = dI_\mathrm{C} = \frac{d\varphi}{2\pi} I \tag{2}$$

である．領域 A と B の距離は，$2a \sin(\varphi/2)$ である．領域 B と C を流れる電流が領域 A を流れる電流に及ぼす力の合力 dF は，中心軸方向を向き，長さ l 当たり

$$dF = 2 \frac{\mu_0}{4\pi} \frac{2\Delta I_\mathrm{A} dI_\mathrm{B}}{2a \sin(\varphi/2)} l \sin(\varphi/2) = \frac{\mu_0 I^2 l \Delta w}{8\pi^3 a^2} d\varphi \tag{3}$$

となる．これを φ について 0 から π まで積分して

$$F = \frac{\mu_0 I^2}{8\pi^2 a^2} l \Delta w \tag{4}$$

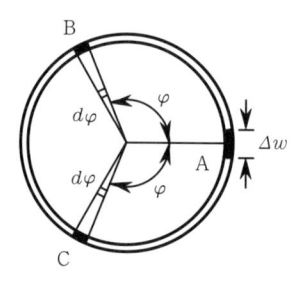

図 2.9　電流の流れる円筒状導体の側面に働く力

2.2 電流に作用する力と磁束密度

が得られる。これが円筒側面の幅 Δw,長さ l の範囲に働く力である。したがって円筒の側面には単位面積当たり

$$f = \frac{\mu_0 I^2}{8\pi^2 a^2} \tag{5}$$

の力が側面に垂直に中心軸に向かって働いている。

後に例題 2.6.2 (p.97) で学ぶように,円筒側面のすぐ外側の磁束密度 B は

$$B = \frac{\mu_0 I}{2\pi a} \tag{6}$$

で与えられる。この結果を用いると,f は

$$f = \frac{1}{2\mu_0} B^2 \tag{7}$$

のように表される。

問 2.3 上の式 (5) と (6) から式 (7) の関係を示せ。

問 2.4 1辺の長さ a の正方形の各頂点に4本の無限に長い直線導線を正方形の面に垂直になるように配置する。各導線に電流 I を全て同じ向きに流す場合と,1つおきに逆向きに流す場合とで,導線の単位長さ当たりに働く力を求めよ。

〔例題 2.2.2 サイクロトロン運動〕

磁束密度 B の一様な磁界中に,電荷 q をもつ質量 m の荷電粒子を置き,磁界に垂直に初速度 v_0 を与える。この粒子は磁界に垂直な平面内で等速円運動をすることを示し,その半径と角振動数を求めよ。

[解答]

磁界の向きに z 軸をとり,これに垂直な平面内に x 軸と y 軸をとる。このとき,x 軸を初速度と同じ方向にとっても一般性は失われない。このように座標軸をとると,粒子の初速度 $\boldsymbol{v}_0$ と磁束密度 $\boldsymbol{B}$ はそれぞれ

$$\boldsymbol{v}_0 = (v_0, 0, 0) \tag{1}$$

$$\boldsymbol{B} = (0, 0, B) \tag{2}$$

のように表される。粒子に働くローレンツ力の各成分は,式 (2.26) に式 (2) を代入して

$$F_x = qv_y B \qquad F_y = -qv_x B \qquad F_z = 0 \tag{3}$$

と表される。したがって粒子の運動方程式は

$$m\frac{dv_x}{dt} = qv_y B \tag{4}$$

$$m\frac{dv_y}{dt} = -qv_x B \tag{5}$$

$$m\frac{dv_z}{dt} = 0 \tag{6}$$

となる. 式 (6) より $v_z = $ 一定となるが, 初期条件から $v_z = 0$ となる.

式 (4) を t で微分すると

$$m\frac{d^2 v_x}{dt^2} = qB\frac{dv_y}{dt} \tag{7}$$

となる. これに式 (5) を代入すると

$$\frac{d^2 v_x}{dt^2} = -\left(\frac{qB}{m}\right)^2 v_x \tag{8}$$

となる. ここで

$$\omega_c = \frac{qB}{m} \tag{9}$$

とおくと, 式 (8) は

$$\frac{d^2 v_x}{dt^2} + \omega_c^2 v_x = 0 \tag{10}$$

と表される. これは単振動の方程式であるから, 解は

$$v_x = A\cos(\omega_c t + \alpha) \tag{11}$$

のように表される. ここで A と α は定数である. 初期条件として $t = 0$ で $v_y = 0$ をとれば

$$v_x = v_0 \cos(\omega_c t) \tag{12}$$

となる. これを式 (4) に代入すると

$$v_y = -v_0 \sin(\omega_c t) \tag{13}$$

となる. 式 (12) と (13) を t で積分すれば

$$x = \frac{v_0}{\omega_c}\sin(\omega_c t) + x_0 \qquad y = \frac{v_0}{\omega_c}\cos(\omega_c t) + y_0 \tag{14}$$

が得られる. ここで x_0 と y_0 は定数である. 式 (14) は

$$(x - x_0)^2 + (y - y_0)^2 = \left(\frac{v_0}{\omega_c}\right)^2 \tag{15}$$

のようにまとめられる. 式 (12) と (13) および (15) から粒子は, (x_0, y_0) を中心とする半径

$$r = \frac{v_0}{\omega_c} = \frac{mv_0}{qB} \tag{16}$$

2.3 磁気モーメント

で角振動数 ω_c の等速円運動をすることが示される.

このような荷電粒子が磁界中で行う等速円運動を**サイクロトロン運動** (cyclotron motion) とよぶ．またこのときの角振動数 ω_c は**サイクロトロン角振動数**とよばれる．式 (9) からわかるように，ω_c は粒子の速度にはよらない．

問 2.5 電荷 1.6×10^{-19} [C]，質量 1.7×10^{-27} [kg] をもつ陽子を磁束密度 1.0 [T] の一様な磁界中でサイクロトロン運動をさせたとき，その角振動数はいくらになるか．

2.3 磁気モーメント

図 2.10 のように z 軸正の向きを向いた磁束密度 $\boldsymbol{B}$ の一様な磁界の中に，一辺の長さが a と b の長方形コイル PQRS を，辺 PQ (RS) が x 軸と SP (QR) が と y 軸に平行になるように置く．コイルの上を PQRS の向きに電流 I を流し，コイルを y 軸のまわりに角度 θ だけ回転させる．このとき，コイルにどのような力と力のモーメントが働くかを考えてみよう．

式 (2.21) から，辺 PQ と RS には，大きさ $F_a = IaB\sin(90° + \theta) = IaB\cos\theta$ の力が y 軸に平行に負と正の向きに働き，辺 QR と SP には大きさ $F_b = IbB$ の力が x 軸に平行に正と負の向きに働く．これら 4 つの力の合力は 0 になるが，これらがつくる力のモーメントは一般に 0 にはならない．辺 PQ と RS に働く力 $-\boldsymbol{F}_a$ と $\boldsymbol{F}_a$ は，作用線が一致するので，この 2 つの力のモーメントの和は常に 0 になる．これに対して辺 QR と SP に働く力 $\boldsymbol{F}_b$ と $-\boldsymbol{F}_b$ の作用線は一致しないので，この 2 つの力のモーメントの和は 0 ではない．$\boldsymbol{F}_b$ と $-\boldsymbol{F}_b$

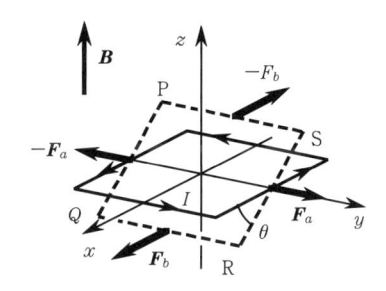

図 2.10 一様な磁界の中に置かれた長方形コイルの辺に働く力

がつくるコイルの中心 O に関する力のモーメントの和 $\boldsymbol{N}$ は

$$\boldsymbol{N} = \frac{1}{2}\overrightarrow{\mathrm{PQ}} \times \boldsymbol{F}_b + \frac{1}{2}\overrightarrow{\mathrm{QP}} \times (-\boldsymbol{F}_b) = \overrightarrow{\mathrm{PQ}} \times \boldsymbol{F}_b \tag{2.27}$$

と表される．この式に $\boldsymbol{F}_b = I\,(\overrightarrow{\mathrm{QR}}) \times \boldsymbol{B}$ を代入すると

$$\boldsymbol{N} = \overrightarrow{\mathrm{PQ}} \times [I\,(\overrightarrow{\mathrm{QR}}) \times \boldsymbol{B}] = I\,[\overrightarrow{\mathrm{PQ}} \times \overrightarrow{\mathrm{QR}}] \times \boldsymbol{B} \tag{2.28}$$

となる．ここで $\overrightarrow{\mathrm{PQ}} \times \overrightarrow{\mathrm{QR}}$ はコイルの面に垂直なベクトルで，その大きさはコイルの面積に等しく，向きは電流の向きに右ねじを回したとき，ねじの進む向きに一致する．そこでこれを $\boldsymbol{S} = \overrightarrow{\mathrm{PQ}} \times \overrightarrow{\mathrm{QR}}$ とおくと，力のモーメント $\boldsymbol{N}$ は

$$\boldsymbol{N} = I\boldsymbol{S} \times \boldsymbol{B} = \boldsymbol{M} \times \boldsymbol{B} \tag{2.29}$$

と表される．ここでベクトル量

$$\boldsymbol{M} = I\boldsymbol{S} \tag{2.30}$$

は**コイルの磁気モーメント** (magnetic moment) とよばれる．$\boldsymbol{M}$ の大きさは，$M = Iab$ である．力のモーメント $\boldsymbol{N}$ は y 軸に平行で，その大きさ N は

$$N = IabB\sin\theta \tag{2.31}$$

となる．これからわかるように，コイルの面が磁界に垂直な面から傾くと，コイルには，もとに戻そうとする力のモーメントが働く．したがってコイルの面が磁界に垂直な状態 ($\boldsymbol{S}$ と $\boldsymbol{B}$ が平行) が最も安定である．ただしコイルの面が磁界に垂直であっても，$\boldsymbol{S}$ と $\boldsymbol{B}$ が反平行な $\theta = 180°$ の状態は不安定である．

これまでは長方形コイルについて述べてきたが，任意の形状をした平面コイルに電流 I を流して一様な磁界中に置いた場合にも，これに働く力のモーメントは式 (2.29) で与えられることを簡単に示すことができる．

ある形状をした平面コイルを y 軸のまわりに角度 θ だけ回転させたとしよう．図 2.11 のようにコイルを x 軸と y 軸に沿って一辺の長さがそれぞれ Δx, Δy の微小な長方形コイルに分割し，それぞれのコイルに電流 I が同じ向きに流れているとする．隣接するコイルと辺が共通な部分 (図の細い線の部分) では，電流は逆向きになるので，互いに打ち消し合う．結果として，図の太い線の部

2.3 磁気モーメント

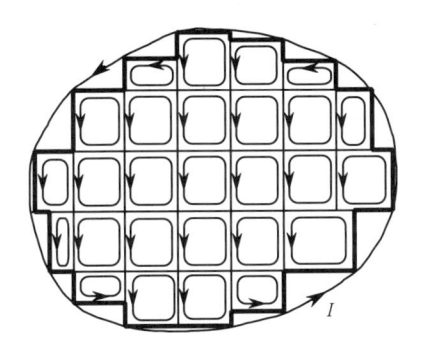

図 2.11 電流の流れる微小な長方形コイルに分割された任意の形状の平面コイル

分を流れる電流だけが残る．ここで，分割の幅 Δy を無限に小さくすると，この電流の経路はもとのコイルの形状に一致する．このとき，コイルに働く力のモーメント N は，個々の微小な長方形コイルに働く力のモーメントの和で与えられる．i 番目の微小な長方形コイルの磁気モーメントを $\Delta M_i = I\Delta S_i$ とすれば，ΔM_i は全て同じ方向と向きをもつので

$$N = \sum_i (\Delta M_i \times B) = \sum_i (I\Delta S_i \times B) = IS \times B = M \times B \quad (2.32)$$

となる．ここで S はコイルの面に垂直なベクトルで，大きさがコイルの面積に等しく，向きは電流の向きに右ねじを回したとき，ねじの進む向きになるようにとられたベクトルである．この S を用いて，コイルの磁気モーメントは $M = IS$ と表される．

例えば，半径 a の円形コイルに電流 I を流した場合には，磁気モーメントの大きさは $M = I\pi a^2$ であるから，コイルが磁界から受ける力のモーメントの大きさ N は

$$N = I\pi a^2 B \sin\theta \quad (2.33)$$

となる．

〔例題 2.3.1　コイルに働く力のモーメント〕

　回転軸をもった長方形コイル PQRS がある（辺の長さは PQ = a，QR = b である）．回転軸はコイルの中心を通り辺 QR に平行である．このコイルを回転軸が水平になるようにして，鉛直上方を向いた磁束密度 B の一様な磁界中に置く．辺 QR の中点に質量

m のおもりを付け,電流 I を PQRS の順に流すと,コイルの面は水平面とどれだけの角をなしてつり合うか.

[解答]

図 2.12(a) のようにコイルの面と水平面のなす角を θ とする.磁界がコイルに及ぼす回転軸のまわりの力のモーメント $\boldsymbol{N}$ は図に示された向きになり,その大きさ N は

$$N = IabB\sin\theta \tag{1}$$

となる.これに対しておもりに働く重力のモーメント $\boldsymbol{N}'$ は,$\boldsymbol{N}$ と逆向きで,その大きさ N' は,

$$N' = \frac{1}{2}amg\cos\theta \tag{2}$$

となる.したがって,つり合いの条件は,

$$IabB\sin\theta = \frac{1}{2}amg\cos\theta \tag{3}$$

となる.これから θ は,

$$\tan\theta = \frac{mg}{2IbB} \tag{4}$$

と求められる.

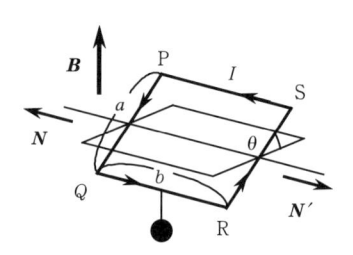

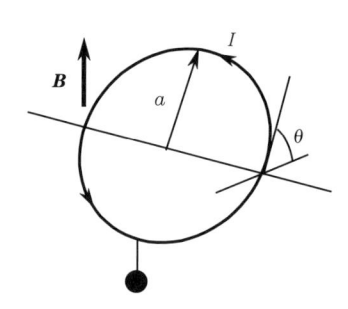

図 2.12 一様な磁界中に置かれたおものついた (a) 長方形コイルと (b) 円形コイルのつり合い

問 2.6 図 2.12(b) のように，回転軸をもった半径 a の円形コイルがある．回転軸はコイルの中心を通り，コイルの面内にある．このコイルを回転軸が水平になるようして，鉛直上方を向いた磁束密度 B の一様な磁界中に置く．コイルの円周上で回転軸から最も遠い点 P に質量 m のおもりを付け，電流 I を図の向きに流すと，コイルの面は水平面とどれだけの角をなしてつり合うか．

2.4 ビオ・サバールの法則

前節では，無限に長い直線導体を流れる電流がつくる磁界を求めた．この節では，任意の形をした導線を流れる電流がまわりにつくる磁界を求める方法について解説しよう．

図 2.13 のような，任意の形をした導線上を電流 I が流れているとしよう．この導線を微小区間に分割し，その1つを Δs とする．このとき，Δs を流れる電流素片 $I\Delta s$ がここから位置ベクトル r の点 P につくる磁束密度 ΔB は

$$\Delta B = \frac{\mu_0}{4\pi} \frac{I\Delta s \times r}{r^3} \tag{2.34}$$

で与えられる．これをビオ・サバールの法則 (Biot-Savart's law) という．ビオとサバールは巧妙な実験を行い，1820年にこの法則を発見した．ΔB は Δs と r に垂直で，その向きは図 2.13 のようになる．また ΔB の大きさ ΔB は，Δs と r のなす角を θ とすると

$$\Delta B = \frac{\mu_0}{4\pi} \frac{I\Delta s}{r^2} \sin\theta \tag{2.35}$$

と表される．

任意の点 P での磁束密度 B は各微小区間を流れる電流が P につくる磁束密度 ΔB の和で与えられる．この和は，Δs を ds とすることによって，導線に

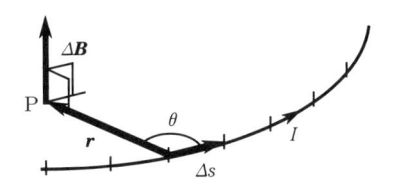

図 2.13　電流素片 $I\Delta s$ が点 P につくる磁束密度 ΔB

沿った線積分で表される．したがって点 P での磁束密度 $\boldsymbol{B}$ は

$$\boldsymbol{B} = \int \frac{\mu_0}{4\pi} \frac{I d\boldsymbol{s} \times \boldsymbol{r}}{r^3} \tag{2.36}$$

のように表される．具体的に導線の形状が与えられたとき，式 (2.34) や (2.35) からどのようにして磁束密度を求めるかを以下の例題で解説しよう．

〔例題 2.4.1 有限の直線電流がつくる磁束密度〕
 図 2.14(a) のように，導線 AB 上を A から B に向かって電流 I が流れている．図に示されたように，導線から距離 a だけ離れた点 P における磁束密度を求めよ．ただし導線 AB と AP および BP がなす角をそれぞれ θ_A, θ_B とする．

[解答]
 導線 AB 上の微小線分 Δs を流れる電流素片 $I\Delta s$ が P につくる磁束密度を $\Delta \boldsymbol{B}$ とすると，$\Delta \boldsymbol{B}$ は紙面に垂直で裏から表に向き，その大きさ ΔB は

$$\Delta B = \frac{\mu_0}{4\pi} \frac{I\Delta s}{r^2} \sin\theta \tag{1}$$

で与えられる．ここで

$$\Delta s \sin\theta = r\Delta\theta, \qquad r\sin\theta = a \tag{2}$$

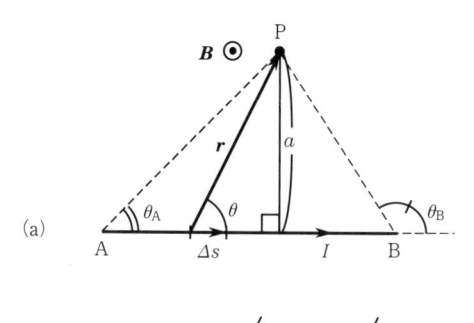

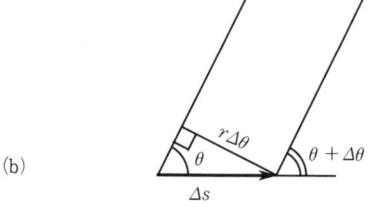

図 2.14 有限の直線電流 I が距離 a だけ離れた点 P につくる磁束密度

の関係があるので (図 2.14(b) 参照),式 (1) は

$$\Delta B = \frac{\mu_0 I}{4\pi a} \sin\theta \, \Delta\theta \tag{3}$$

となる.ここで ΔB と $\Delta\theta$ をそれぞれ dB, $d\theta$ として,θ について θ_A から θ_B まで積分することによって,点 P での磁束密度の大きさは

$$B = \int dB = \int_{\theta_A}^{\theta_B} \frac{\mu_0 I}{4\pi a} \sin\theta \, d\theta = \frac{\mu_0 I}{4\pi a}(\cos\theta_A - \cos\theta_B) \tag{4}$$

と求められる.
導線 AB が無限に長い場合には,$\theta_A \to 0$, $\theta_B \to \pi$ とすることによって,

$$B = \frac{\mu_0 I}{2\pi a} \tag{5}$$

が得られる.これは式 (2.20) で $r = a$ としたものに一致する.

〔例題 2.4.2　2 本の直線電流がつくる磁束密度〕
　距離 $2a$ を隔てて平行に置かれた無限に長い直線導体上を電流 I が同じ向きに流れている.2 本の導線から等距離にあって,導線を含む平面から距離 b の点 P における磁束密度を求めよ.

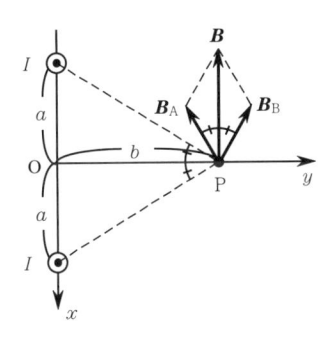

[解答]
　図 2.15 のように,点 P から 2 本の直線導体を含む平面内に下ろした垂線の足を原点 O とする.直線導体に沿って電流と同じ向きに z 軸を,2 本の直線導体を含む平面内に x 軸を,そしてこれに垂直に y 軸をとる.磁束密度ベクトル $\boldsymbol{B}$ は,対称性から xy 平面に平行である.x 軸上の点 $(a, 0, 0)$ と $(-a, 0, 0)$ を通る電流が P につくる磁束密

図 2.15　2 本の直線電流が点 P につくる磁束密度

度をそれぞれ B_A, B_B とすると，B_A と B_B の向きは図のようになり，その大きさは，ともに

$$B_A = B_B = \frac{\mu_0 I}{2\pi\sqrt{a^2+b^2}} \tag{1}$$

である．B_A と B_B の y 軸に平行な成分は互いに打ち消し合うので，B_A と B_B の和は x 軸に平行な成分だけが残る．したがって点 P での磁束密度 B は x 軸に平行で負の向きを向き，その大きさ B は

$$B = 2B_A \cos\varphi = 2\frac{\mu_0 I}{2\pi\sqrt{a^2+b^2}}\frac{b}{\sqrt{a^2+b^2}} = \frac{\mu_0 Ib}{\pi(a^2+b^2)} \tag{2}$$

となる．

問 2.7 図 2.16(a) のように，一辺の長さが a の正三角形をした導線に反時計回りに電流 I が流れているとき，正三角形の中心 O における磁束密度を求めよ．

問 2.8 例題 2.4.2 の問題を，図 2.16(b) のように，電流が逆向きである場合について解け．

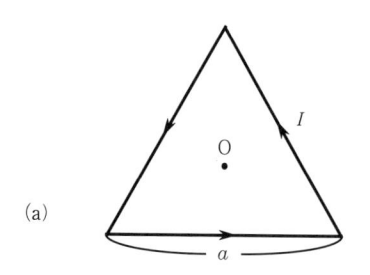

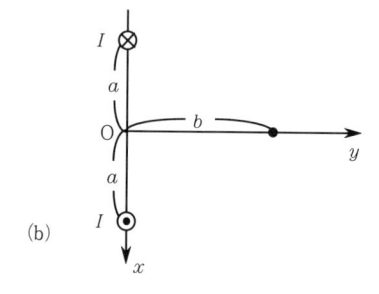

図 2.16

2.4 ビオ・サバールの法則

〔例題 2.4.3 円電流がつくる磁束密度〕

図 2.17 のように，半径 a の円輪状導線の上を電流 I が図に示された向きに流れている．円輪の面に垂直で，中心 O を通るように z 軸をとる（z 軸の正の向きは，電流の向きに右ねじを回したとき，ねじの進む向きにとる）．z 軸上で座標が z の点 P における磁束密度を求めよ．

[解答]

円輪上に微小線分 Δs をとる．ここを流れる電流素片 $I\Delta s$ が P につくる磁束密度を ΔB とすれば，その向きは図のようになり，大きさは

$$\Delta B = \frac{\mu_0 I \Delta s}{4\pi(a^2+z^2)} \tag{1}$$

となる．ΔB の z 軸に垂直な成分は，Δs に対して O の反対側にある微小線分を流れる電流が P につくる磁束密度の垂直成分と打ち消し合う．したがって z 軸上の磁束密度を求めるには，ΔB の z 軸に平行な成分 ΔB_z だけを考えればよい．ΔB_z は図のように，$\cos\varphi = a/\sqrt{a^2+z^2}$ で与えられる角度 φ をとると

$$\Delta B_z = \frac{\mu_0 I a \Delta s}{4\pi(a^2+z^2)^{\frac{3}{2}}} \tag{2}$$

と表される．ここで ΔB_z と Δs を dB_z と ds として，s について円輪を一周線積分すれば，P 点での磁束密度 B の大きさは

$$B = \int dB_z = \int_0^{2\pi a} \frac{\mu_0 I a\, ds}{4\pi(a^2+z^2)^{\frac{3}{2}}} = \frac{\mu_0 I a}{4\pi(a^2+z^2)^{\frac{3}{2}}} \times (2\pi a) = \frac{\mu_0 I a^2}{2(a^2+z^2)^{\frac{3}{2}}} \tag{3}$$

と求められる．また B の向きは z 軸正の向きである．円輪の中心 O での磁束密度は，$z=0$ とおいて

$$B = \frac{\mu_0 I}{2a} \tag{4}$$

となる．

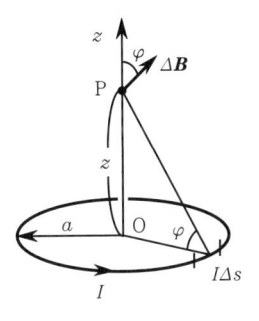

図 2.17 円電流が中心軸上につくる磁束密度

〔例題 2.4.4 ヘルムホルツコイル〕
図 2.18 のように，半径 a の 2 つの円形コイルを距離 d を隔てて，互いに平行で中心軸が一致するように配置して，電流 I を同じ向きに流す．中心軸上で 2 つの円形コイルの中間点 O から距離 x だけ離れた点 P での磁束密度を求めよ．また中間点 O 付近で中心軸に沿ってわずかな位置の変化があっても，磁束密度がほとんど変化しないようにするには，$a=d$ とすればよいことを示せ．

[解答]
例題 2.4.3 の解答の式 (3) で $z=(d/2)\pm x$ とすることによって，点 P での磁束密度は

$$B = \frac{\mu_0 I a^2}{2\left\{a^2+\left(\dfrac{d}{2}+x\right)^2\right\}^{3/2}} + \frac{\mu_0 I a^2}{2\left\{a^2+\left(\dfrac{d}{2}-x\right)^2\right\}^{3/2}} \tag{1}$$

と求められる．この式の右辺を $x=0$ のまわりで x の多項式に展開 (テイラー展開) すると，x の奇数次の項は B が偶関数であるために消えるので

$$B(x) = B(0) + \frac{1}{2!}B''(0)x^2 + \cdots$$

$$= \frac{\mu_0 I a^2}{(a^2+d^2/4)^{3/2}}\left\{1 - \frac{3(a^2-d^2)}{2\left(a^2+d^2/4\right)^2}x^2 + \cdots\right\} \tag{2}$$

が得られる．ここで，$a=d$ のときには x の 2 次の項がなく，x 依存性は x の 4 次の項に初めて現れる．これは $a=d$ のときには，中間点 O 付近で一様な磁界がつくられることを表している．

$a=d$ の場合には，中心軸方向だけでなく，中心軸に垂直な方向に位置が変化しても，磁束密度はほとんど変化しないことも示すことができる．この $a=d$ の場合を特に**ヘルムホルツコイル** (Helmholtz coil) とよぶ．ヘルムホルツコイルは広い範囲で一様な磁界をつくるときに用いられる．

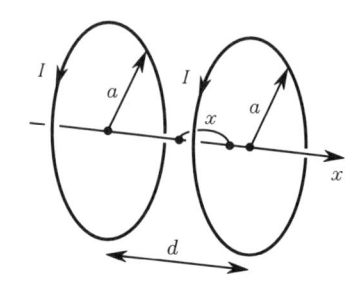

図 2.18　円形コイルを 2 つ配置してできるヘルムホルツコイル

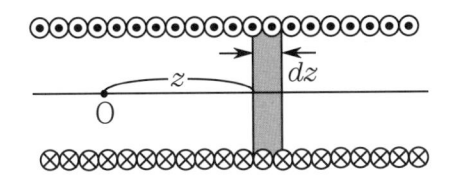

図 2.19 ソレノイドの断面

問 2.9 図 2.19 のような，単位長さ当たりの巻数が n の無限に長いソレノイドに電流 I が流れている．例題 2.4.3 の結果を用いてコイルの中心軸上の磁束密度を求めよ．

（注）このように導線を円筒状に巻いたコイルを**ソレノイド** (solenoid) とよぶ．

問 2.10 例題 2.4.4 の設定で，左側のコイルを流れる電流を逆向きにすると，中心軸上で中間点 O から距離 x だけ離れた点での磁束密度はどうなるか．

2.5 磁束密度に関するガウスの法則

前章の 1.3 節に述べたように，電気力線は電界ベクトルを連ねてできる曲線である．同じように，**磁束密度ベクトルを連ねてできる曲線**を**磁束線** (line of magnetic flux) とよぶ (図 2.20 参照)．ある点 P での磁束密度の大きさが B であるとすると，点 P のまわりの磁束線の本数は，点 P を中心とする磁界に垂直な単位面積を通る磁束線の本数が B 本であるように引く．

図 2.21(a) は，無限に長い直線導体に電流を流したときにできる磁束線の様子を表したものである (例題 2.4.1 参照)．

図 2.21(b) のように，任意の形状をした導線の微小線分を Δs とし，ここを流れる電流素片を $I\Delta s$ とするとき，$I\Delta s$ が周りにつくる磁束線の様子を調べ

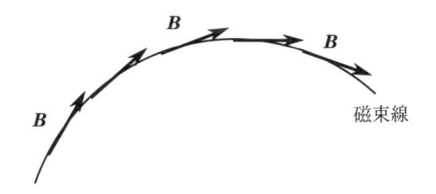

図 2.20 磁束密度と磁束線

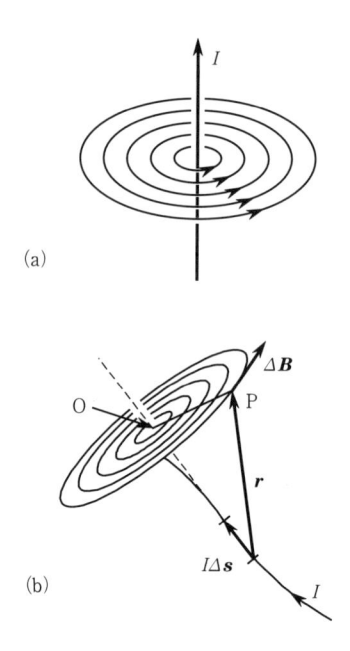

図 2.21 (a) 直線電流がつくる磁束線. (b) 任意の形状をした導線上の電流素片を $I\Delta s$ がつくる磁束線

よう.微小線分 Δs から任意の点 P に引いたベクトルを r, Δs を延長した直線に点 P から下ろした垂線の足を O とする.電流素片 $I\Delta s$ が P につくる磁束密度 ΔB は,ビオ・サバールの法則より Δs と r に垂直であるから,O を中心とする半径 OP の円の接線と一致し,その向きは図のようになる.点 P をこの円周上の任意の場所に移しても,ΔB の方向は接線と一致する.このことから,$I\Delta s$ がつくる磁束線は Δs を延長した直線を中心軸とする同心円になることがわかる.

図 2.22 のように,磁界の中にある曲面 S をとる.このとき,**曲面 S を一方の側から反対側に通過する磁束線の総本数** Φ を S を通過する**磁束** (magnetic flux) という.前章の 1.4 節で述べた電気力束の場合と同様に,S を通過する磁束 Φ は

$$\Phi = \int_S \boldsymbol{B} \cdot d\boldsymbol{S} \tag{2.37}$$

2.5 磁束密度に関するガウスの法則

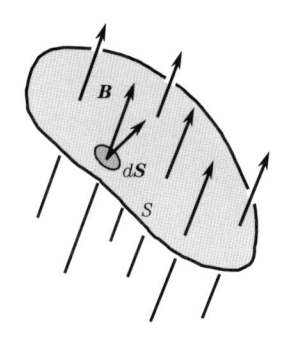

図 2.22 曲面 S を通過する磁束線

のように表すことができる．ここで，面積分は，面素片ベクトル dS を図 2.22 のようにとって曲面 S 上で行う．磁束の単位には**ウェーバー** [**Wb**] が用いられ，次の関係がある．

$$[\text{Wb}] = [\text{T m}^2] = [\text{N m/A}] = [\text{N m s/C}] = [\text{J s/C}] = [\text{V s}] \tag{2.38}$$

次に，任意の形状をした導線上を流れる電流がつくる磁界の中に任意の閉曲面 S を考える．前に述べたように導線上のある電流素片 $I\Delta s$ がつくる磁束線は Δs を延長した直線を中心軸とする同心円状になる．この円形の磁束線は閉曲面 S に完全に含まれるか，あるいは図 2.23 のように，微小面積 ΔS_i のところで閉曲面 S を外から内に貫き，微小面積 ΔS_j のところで内から外に貫く．一般にこの磁束線は S を何回か外から内に貫き，同じ回数だけ内から外に貫く．微小面積 ΔS_i と ΔS_j を**内から外**に通過する磁束をそれぞれ $\Delta\Phi_i$，$\Delta\Phi_j$ とすると，$\Delta\Phi_i$ は負で $\Delta\Phi_j$ は正であり，これらの間には $\Delta\Phi_i = -\Delta\Phi_j$ の関係がある．これから微小面積 ΔS_i と ΔS_j を**内から外**に通過する磁束の和は 0 となる．このことは全ての電流素片がつくる磁束線について成り立つ．したがって閉曲面 S を内から外に貫く磁束の総和は常に 0 である．閉曲面 S を内から外に貫く磁束の総和 Φ は $\Phi = \oint_S \boldsymbol{B} \cdot d\boldsymbol{S}$ と表されるので，上に述べたことは

$$\oint_S \boldsymbol{B} \cdot d\boldsymbol{S} = 0 \tag{2.39}$$

のように表される．この式を**磁束密度に関するガウスの法則**という．

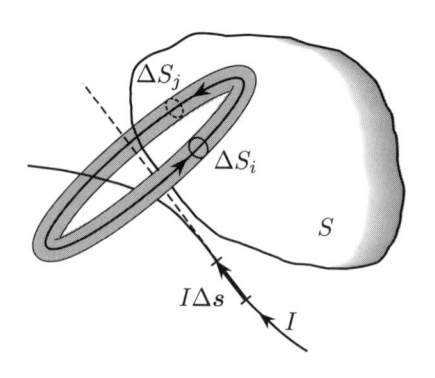

図 2.23 閉曲面 S を通過する磁束線

もし磁束線に始点や終点があれば，その周りに閉曲面 S をとると，S を内から外に貫く磁束の総和は 0 でなくなる．しかし式 (2.39) はそのようなことはないことを表しているので，**磁束線は連続で始点や終点がないことがわかる**．

〔例題 2.5.1　円筒状導体を流れる電流がつくる磁束密度の方向〕
　無限に長い円筒状導体の上を電流が中心軸に沿って一様に流れているとき，導体の外側の磁束密度ベクトルは，円筒の中心軸を共通とする同心円の接線方向を向いていることを示せ．

[解答]
　電流が中心軸に沿って流れているので，磁束密度ベクトル B は中心軸に垂直な面内にあり，中心軸の周りに回転対称な分布をする．B を同心円の接線方向成分 B_1 とそれに垂直な動径方向成分 B_2 の 2 つに分解する．図 2.24(a) のように，円筒と中心軸を共通とする半径 r，長さ l の円柱の表面を 1 つの閉曲面 S として，これに磁束密度に関するガウスの法則を適用する．B の面積分は

$$\oint_S \boldsymbol{B}\cdot d\boldsymbol{S} = \int_{上面}\boldsymbol{B}\cdot d\boldsymbol{S} + \int_{下面}\boldsymbol{B}\cdot d\boldsymbol{S} + \int_{側面}\boldsymbol{B}\cdot d\boldsymbol{S} \tag{1}$$

のように分けることができる．上面と下面では，$\boldsymbol{B}\perp d\boldsymbol{S}$ であるので，B の面積分は 0 になる．また側面では B の動径方向成分 B_2 だけが積分に寄与する．したがって

$$\oint_S \boldsymbol{B}\cdot d\boldsymbol{S} = \int_{側面}\boldsymbol{B}_2\cdot d\boldsymbol{S} = B_2\int_{側面}dS = B_2\cdot 2\pi rl = 0 \tag{2}$$

となる．この式が常に成り立つためには，$B_2 = 0$ でなければならない．ゆえに磁束密度ベクトル B は同心円の接線方向を向いている．

2.6 アンペールの法則

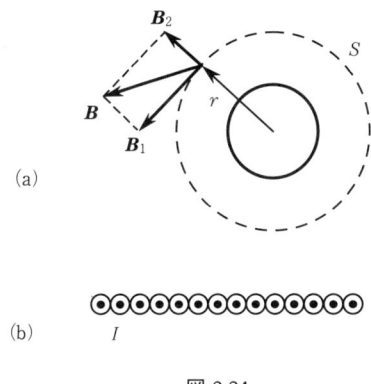

図 2.24

問 2.11 図 2.24(b) のように，無限に広い平面状導体を電流が一方向に一様に流れているとき，まわりの磁束密度ベクトルは平面に平行で，かつ電流に垂直であることを示せ．

2.6 アンペールの法則

電流と磁界の関係を表す法則には 2.4 節で学んだビオ・サバールの法則のほかに**アンペールの法則**がある．本節ではこのアンペールの法則を説明しよう．

図 2.25(a) のように，無限に長い直線電流 I があると，この周りには同心円状の磁束線ができる．いま，半径 r の磁束線を 1 つの閉じた経路 C と考えて，これを矢印の向きに 1 周する磁束密度 $\boldsymbol{B}$ の線積分

$$\oint_C \boldsymbol{B} \cdot d\boldsymbol{l} \tag{2.40}$$

を求めてみよう．ただし経路 C を一周する向きは，磁束密度ベクトルと同じ向きとする．磁束密度の大きさ B は，例題 2.4.1 から経路 C の上ではどこでも

$$B = \frac{\mu_0 I}{2\pi r} \tag{2.41}$$

である．また磁束密度 $\boldsymbol{B}$ は常に接線方向を向くベクトルなので，$\boldsymbol{B}$ と線素片ベクトル $d\boldsymbol{l}$ は平行である．したがって式 (2.40) の線積分の値は

$$\oint_C \boldsymbol{B} \cdot d\boldsymbol{l} = \oint_C B \, dl = B \int_C dl = \frac{\mu_0 I}{2\pi r} \cdot 2\pi r = \mu_0 I \tag{2.42}$$

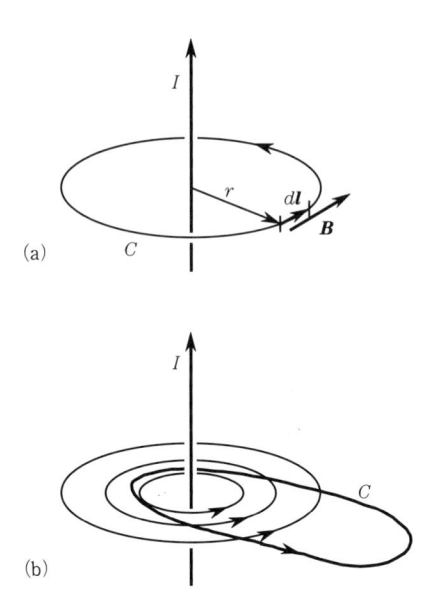

図 2.25 直線電流 I に垂直な平面内にとられた (a) 円形閉経路と (b) 任意の閉経路

となって，電流 I だけで決まる．

次に，図 2.25(b) のように，この直線電流に垂直な平面内に任意の閉じた経路 C をとり，磁束密度 $\boldsymbol{B}$ の C についての線積分 (2.40) を求めてみよう．図 2.26(a) のように，経路 C と同一平面上に直線電流を原点 O として x 軸と y 軸をとる．線素片ベクトル $d\boldsymbol{l}$ の始点と終点の位置ベクトルをそれぞれ $\boldsymbol{r}$，$\boldsymbol{r}'$ とし，x 軸と $\boldsymbol{r}$ のなす角を φ，そして $\boldsymbol{r}$ と $\boldsymbol{r}'$ のなす角を $d\varphi$ とする．電流が位置ベクトル $\boldsymbol{r}$ の場所につくる磁束密度を $\boldsymbol{B}$ とすれば，$\boldsymbol{B}$ の r 方向成分 B_r と，これに垂直な φ 方向成分 B_φ は，例題 2.4.1 の結果からそれぞれ

$$B_r = 0 \qquad B_\varphi = \frac{\mu_0 I}{2\pi r} \tag{2.43}$$

と表される．また，図 2.26(b) から，線素片ベクトル $d\boldsymbol{l}$ の r 方向成分 $(dl)_r$ と，これに垂直な φ 方向成分 $(dl)_\varphi$ は，dr を $\boldsymbol{r}'$ と $\boldsymbol{r}$ の長さの差としてそれぞれ

$$(dl)_r = dr \qquad (dl)_\varphi = r\,d\varphi \tag{2.44}$$

と表されることがわかる．式 (2.43) と (2.44) を，磁束密度 $\boldsymbol{B}$ の線積分 (2.40)

2.6 アンペールの法則

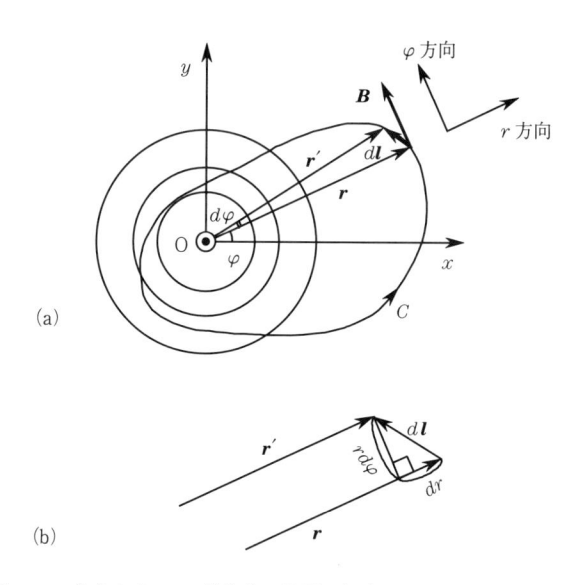

図 2.26 磁束密度 B の線積分の説明．経路 C が電流 I を含む場合

に代入すると

$$\oint_C \boldsymbol{B} \cdot d\boldsymbol{l} = \oint_C B_r \, dr + \oint_C B_\varphi \, rd\varphi$$
$$= \oint_C \frac{\mu_0 I}{2\pi r} \, rd\varphi = \frac{\mu_0 I}{2\pi} \oint_C d\varphi \quad (2.45)$$

となる．ここで，図 2.26(a) のように閉経路 C が電流の流れる原点 O を取り囲む場合には，線素片ベクトル $d\boldsymbol{l}$ を C に沿って一周すると，角度 φ は，0 から 2π まで変化するので

$$\oint_C d\varphi = \int_0^{2\pi} d\varphi = 2\pi \quad (2.46)$$

となる．したがって，式 (2.45) の値は，式 (2.42) と同じく

$$\oint_C \boldsymbol{B} \cdot d\boldsymbol{l} = \mu_0 I \quad (2.47)$$

となる．このとき電流 I の符号は線積分の向き，すなわち線素片ベクトル $d\boldsymbol{l}$ の向きに右ねじを回したときに，ねじの進む向きを正とする．

次に閉経路 C が電流 I を取り囲まないような場合について，式 (2.40) の線積分の値を求めてみよう．図 2.27 のように，電流の流れる原点 O から引いた

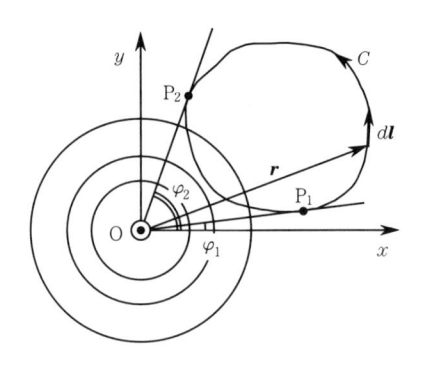

図 2.27 磁束密度 B の線積分の説明. 経路 C が電流 I を含まない場合

C の 2 本の接線 OP_1 と OP_2 が x 軸となす角をそれぞれ φ_1 と φ_2 とする. 線素片ベクトル dl が O から見て外側を P_1 から P_2 まで変化するとき, φ は φ_1 から φ_2 まで変化する. また, dl が内側を P_2 から P_1 まで変化するときは, φ は φ_2 から φ_1 まで変化する. したがって, 式 (2.46) の φ に関する積分は

$$\oint_C d\varphi = \int_{\varphi_1}^{\varphi_2} d\varphi + \int_{\varphi_2}^{\varphi_1} d\varphi = 0 \tag{2.48}$$

となる. これから閉経路 C が電流 I を取り囲まないような場合には

$$\oint_C \boldsymbol{B} \cdot d\boldsymbol{l} = 0 \tag{2.49}$$

となることがわかる.

式 (2.47) と (2.49) の関係は, 閉経路 C が電流に垂直な平面内にないときでも, また電流が直線電流でないときにでも成り立つ一般的な関係式である.

複数の電流がある場合

図 2.28(a) のように複数の電流がある場合には, 個々の電流がつくる磁束密度に関して, 式 (2.47) と (2.49) の関係が成り立つ. そこで i' を閉経路 C の内側を通過する電流の番号として式 (2.47) の i' についてにの和を取ることによって, 線積分 (2.40) は

$$\oint_C \boldsymbol{B} \cdot d\boldsymbol{l} = \mu_0 \sum_{i'} I_{i'} \tag{2.50}$$

のように表される. すなわち, 閉経路 C の内側を通過する電流のみが線積分に寄与する. また, 電流 $I_{i'}$ の符号は, 線積分の向きに右ねじを回したときに,

2.6 アンペールの法則

(a)

(b)

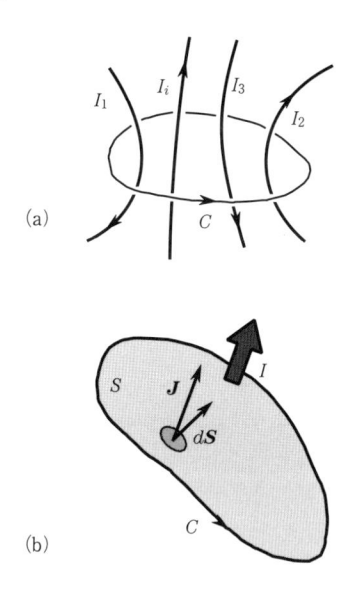

図 2.28 (a) 複数の電流がある場合と (b) 電流が連続的に流れている場合でのアンペールの法則

ねじの進む向きを正とする．式 (2.50) をアンペールの法則 (Ampére's law) という．

電流が連続的に流れている場合

アンペールの法則は，電流が連続的に流れている場合にも拡張できる．図 2.28(b) にあるように，閉経路 C を縁とする任意の曲面を S とし，この上の微小面積 dS での電流密度を J すれば，式 (2.5) より C の内側を通過する電流の総量 I は

$$I = \int_S \boldsymbol{J} \cdot d\boldsymbol{S} \tag{2.51}$$

と表される．この I が式 (2.50) の $\sum_{i'} I_{i'}$ に対応するので，この場合アンペールの法則は

$$\oint_C \boldsymbol{B} \cdot d\boldsymbol{l} = \mu_0 \int_S \boldsymbol{J} \cdot d\boldsymbol{S} \tag{2.52}$$

のように書き表される．

〔例題 2.6.1　無限に長いソレノイド内外の磁束密度〕
単位長さ当たりの巻数が n の無限に長いソレノイドに電流 I が流れている．ソレノイドの内側と外側の磁束密度を求めよ．

[解答]
図 2.29 のように，ソレノイドは中心軸の周りに回転対称な形をしているので，磁束密度も中心軸に関して対称でなければならない．ここで，もし磁束密度に中心軸に垂直な成分があるとすれば，この垂直成分は中心軸の周りに放射状に分布する．そこで中心軸を共通とする円柱の表面を 1 つの閉曲面として，これに磁束密度に関するガウスの法則を適用すると，磁束密度の垂直成分は 0 でなければならないことがわかる．したがって磁束密度は中心軸に平行である．

ソレノイドの中心軸を含む平面内に，辺 PQ と RS が中心軸に平行になるように長方形の閉じた経路 C を考える．はじめに RS を無限遠にとる．紙面を上から下に貫く手前側半分の電流と下から上に貫く向こう側半分の電流がつくる磁束密度は，遠くに行くと小さくなり，また互いに打ち消し合って無限遠では 0 になる．閉経路 C を図のようにとり，辺 PQ の長さを l とする．紙面を上から下に貫く電流が正になるので，閉経路 C を貫く電流の総量は nlI になる．閉経路 C にアンペールの法則を適用すると

$$\oint_C \boldsymbol{B} \cdot d\boldsymbol{l} = \mu_0 nlI \tag{1}$$

となる．Q と R の間及び S と P の間では，$\boldsymbol{B}$ と $d\boldsymbol{l}$ が垂直であり，R と S の間では $B=0$ であるので，式 (1) は

$$\oint_C \boldsymbol{B} \cdot d\boldsymbol{l} = \int_{P \to Q} \boldsymbol{B} \cdot d\boldsymbol{l} = B_{\text{in}} l = \mu_0 nlI \tag{2}$$

となる．ここで B_{in} はコイル内の直線 PQ 上の磁束密度である．これから，

$$B_{\text{in}} = \mu_0 nI \tag{3}$$

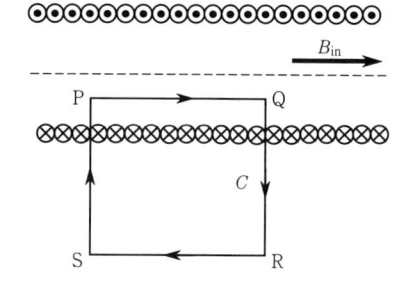

図 2.29　ソレノイドの断面と線積分の経路 C.

2.6 アンペールの法則

が得られる．辺 PQ をソレノイド内のどこに置いてもこの値は変わらないので，ソレノイド内の磁束密度は場所によらずどこでも $B_{\text{in}} = \mu_0 nI$ であり，向きは図の左から右に向いている．

次に，辺 RS をコイルから有限の距離にとる．辺 RS 上での磁束密度を B_{out} と書いて，閉経路 C にアンペールの法則を適用すると

$$\oint_C \boldsymbol{B} \cdot d\boldsymbol{l} = \int_{\text{P}\to\text{Q}} \boldsymbol{B} \cdot d\boldsymbol{l} + \int_{\text{R}\to\text{S}} \boldsymbol{B} \cdot d\boldsymbol{l} = B_{\text{in}}l + B_{\text{out}}l = \mu_0 nlI \tag{4}$$

となる．これに式 (3) の B_{in} の値を代入すると

$$B_{\text{out}} = 0 \tag{5}$$

が得られる．辺 RS をどこに取ってもこれが成り立つので，ソレノイドの外側の磁束密度はどこでも 0 である．

〔例題 2.6.2　円筒状導体を流れる電流がつくる磁束密度〕

半径 a の無限に長い円筒状導体を中心軸に沿って電流 I が流れている．中心軸から距離 r の点での磁束密度を求めよ．

[解答]

例題 2.5.1 の結果から，磁束密度ベクトルは，円筒と同心円の関係にある円の接線方向を向いている．図 2.30 のように，半径 r の同心円の閉じた経路 C にアンペールの法則を適用する．

$r < a$ のとき，C を通過する電流は 0 であるので

$$\oint_C \boldsymbol{B} \cdot d\boldsymbol{l} = B \oint_C dl = B(2\pi r) = 0 \tag{1}$$

となる．したがって $B = 0$ である．

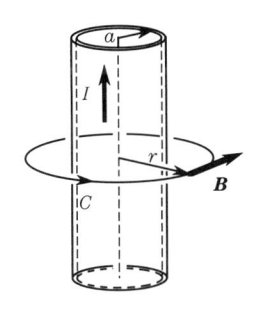

図 2.30　円筒状導体を流れる電流がつくる磁束密度

$r > a$ のとき，C を通過する電流は I であるので，

$$\oint_C \boldsymbol{B} \cdot d\boldsymbol{l} = 2\pi r B = \mu_0 I \tag{2}$$

となる．これから

$$B = \frac{\mu_0 I}{2\pi r} \tag{3}$$

が得られる．

問 2.12 半径 a で単位長さ当たりの巻数が n_a の無限に長いコイルと，その外側に半径 b で単位長さ当たりの巻数が n_b の無限に長いコイルが中心軸が同じになるように置いてある．2つのコイルに同じ向きに電流 I を流す．中心軸から距離 r の点での磁束密度を求めよ．また，電流を互いに逆向きに流した場合についても磁束密度を求めよ．

問 2.13 半径 a の無限に長い円柱の中を中心軸に沿って電流 I が一様な密度で流れている．中心軸から距離 r の点での磁束密度を求めよ．

演習問題 2

2.1 図 2.31(a) のように，y 軸上に無限に長い直線導体が置いてあり，x 軸上の $x = d$ と $x = d+l$ の間に長さ l の直線導体 AB が置いてある．これらの直線導体にそれぞれ電流 I_1 と I_2 を図のような向きに流すとき，直線導体 AB に作用する力を求めよ．

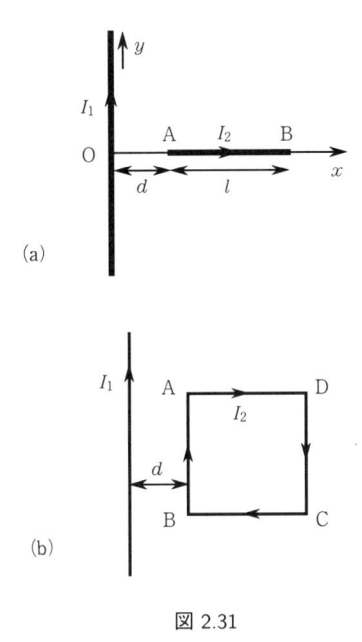

(a)

図 2.31

(b)

2.2 図 2.31(b) のように，直線導体と一辺の長さが a の正方形コイル ABCD が同じ平面内に置いてあり，辺 AB と直線導体が距離 d だけ隔てて平行になるようになっている．直線導体と正方形コイルにそれぞれ電流 I_1 と I_2 を図のような向きに流すとき，直線導体を流れる電流 I_1 が正方形コイルの各辺に及ぼす力とその合力を求めよ．

2.3 磁束密度 B の一様な磁界の中に電荷 q，質量 m の荷電粒子が速さ v_0 で B と θ をなす角度で入射したとき，その荷電粒子はその後どのような運動をするか．

2.4 直交座標 O-xyz をとり，y 軸正の向きに大きさ E の一様な電界を加え，z 軸正の向きに磁束密度 B の一様な磁界を加える．原点 O に電荷 q，質量 m の荷電粒子を初速度 0 で置くと，その後荷電粒子はどのような運動をするか．

(a)

(b)

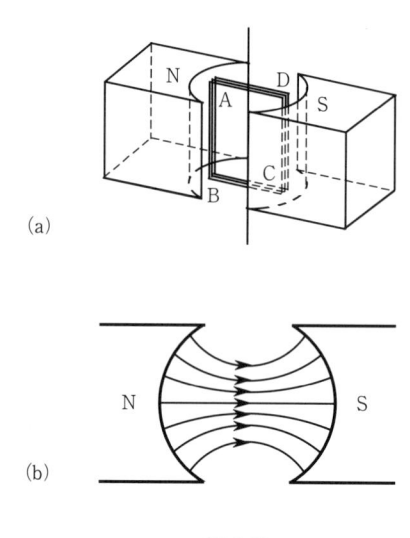

図 2.32

2.5 図 2.32(a) のように，磁極の内側を円筒の側面のように加工して，磁極近くの磁束密度が常に磁極に垂直で，大きさが B になるようにした永久磁石がある．図 2.32(b) は，磁束線の様子を上から見たものである．この中に，巻数が n で面積が S の長方形コイル ABCD を置き，コイルの面がはじめ N 極と S 極とを結ぶ線に平行になるように剛性率 G の細い線で支える．コイルに電流 I を ABCD の順に流すと，コイルに働く力のモーメントとこれを支える細い線内の応力による力のモーメントとがつり合って，コイルは元の位置からある角度だけ回転する．このときの回転角 θ を求めよ．ただし，コイルの辺 AB と CD は磁極の近くにあるものとする．

(ヒント) 剛性率 G の線を角度 θ だけねじるのに必要な力のモーメントは $N = G\theta$ である．

2.6 図 2.33(a) のような半径 a，質量 m の円輪の上に，総量 q の電荷が一様に分布している．この円輪を中心 O を通り円輪の面に垂直な軸の周りに角速度 ω で回転させる．

(1) 円輪の中心 O における磁束密度を求めよ．

(2) 円輪のもつ磁気モーメントを求めよ．

(3) この磁気モーメントを円輪のもつ角運動量 L で表せ．

(4) 図 2.33(b) のように，この回転する円輪を磁束密度 B の一様な磁界の中に，

演習問題 2

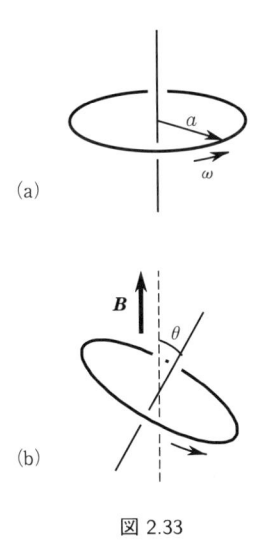

図 2.33

回転軸と B とが角度 θ をなすように置くと，円輪はその後どのような運動をするか．

2.7 図 2.34(a) のように，無限に長い直線導体を直角に折り，電流 I を流す．2 つの半直線からそれぞれ a と b だけ離れた点 P での磁束密度を求めよ．

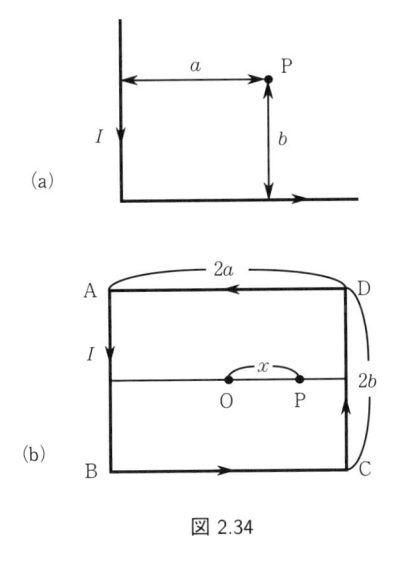

図 2.34

2.8 図 2.34(b) のように，一辺の長さが $2a$ と $2b$ の長方形導線 ABCD に電流 I を流す．長方形導線の中心 O を通り辺 AD に平行な直線上で，O から距離 x だけ離れた点 P での磁束密度を求めよ．

2.9 図 2.35(a) のように，半径 a の円弧と 2 本の無限に長い直線とからなる導線に，電流 I を流す．円弧の中心 O における磁束密度を求めよ．ただし，$\angle \mathrm{AOB} = \theta$ とする．

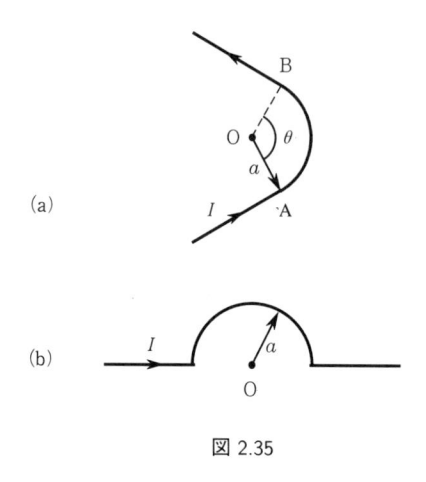

(a)

(b)

図 2.35

2.10 図 2.35(b) のように，半径 a の半円と 2 本の無限に長い直線とからなる導線に，電流 I を流す．円弧の中心 O における磁束密度を求めよ．

2.11 総量 Q の電荷が一様に分布する半径 a の円板を，中心を通り円板面に垂直な軸の周りに角速度 ω で回転する．円板の中心での磁束密度を求めよ．

2.12 平面極座標 (r, φ) を用いて，

$$r = \frac{a}{1 + \varepsilon \cos \varphi}$$

のように表される楕円の形をした導線上を電流 I が流れている．焦点である原点 O における磁束密度を求めよ．ただし，a と ε は正の定数で，$\varepsilon < 1$ である．

2.13 xy 平面内で原点 O を中心とする半径 a の円形導線上を電流 I が反時計まわりに流れている．x 軸上で原点 O から距離 r の点での磁束密度を求めよ．ただし，$r \gg a$ とする．

演習問題 2

2.14 半径 a の無限に長い円柱状導体の中を中心軸方向に電流が流れていて，その電流密度は，中心軸からの距離を r とすると，

$$J(r) = J\frac{a^2 - r^2}{a^2} \quad (r < a)$$

で与えられる．
(1) 導体を流れる電流の総量を求めよ．
(2) 中心軸から距離 r の点での磁束密度を求めよ．

2.15 図2.36(a)のように，無限に長い半径 a の円柱状導体と，その外側に内半径 b，外半径 c の円筒状導体が中心軸が同じくなるように置いてあり，それぞれに電流 I_1 と I_2 が一様な密度で流れている．中心軸から距離 r の点での磁束密度を求めよ．
(ヒント) $r < a$, $a < r < b$, $b < r < c$, $r > c$ の4つの場合に分けて求める．

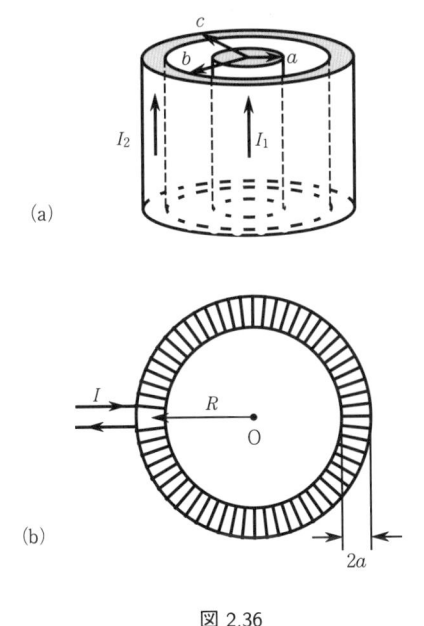

(a)

(b)

図 2.36

2.16 図2.36(b)のように，導線をドーナツ状に巻いたコイルを**トロイダルコイル** (troidal coil) という．半径 R，太さ $2a$，総巻数 N のトロイダルコイルに電流 I を流

す．トロイダルコイル内で中心 O から距離 r の点での磁束密度を求めよ．また，$R \gg a$ のときに磁束密度はどうなるか．

2.17 図 2.37(a) のように，yz 平面に平行な無限に広い平面状導体の上を，z 軸正の向きに電流が単位長さ当たり J の大きさで一様に流れている．まわりの空間での磁束密度を求めよ．

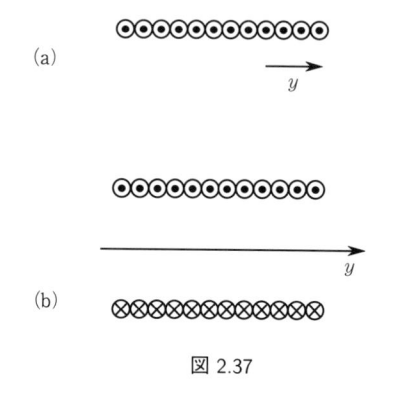

図 2.37

2.18 図 2.37(b) のように，yz 平面に平行な 2 枚の無限に広い平面状導体の上を，電流が単位長さ当たり J の大きさで，z 軸に平行で互いに逆向きに流れている．まわりの空間での磁束密度を求めよ．

3

変動する電磁界

　本章では時間的に変動する電界と磁界について解説する．我々の身の回りにはこの変動する電磁界がかかわった現象や装置が多く見られる．ファラデーによって発見された**電磁誘導**は発電機や変圧器の原理になっている．電子レンジや携帯電話には**マイクロ波**とよばれる**電磁波**が用いられている．

　本章の前半では，まず**電磁誘導の法則**について解説し，変動する磁界が電界をつくることを述べる．つづいてこれとは逆に，変動する電界による**変位電流**が，まわりの空間に磁界をつくることを述べる．そしてこれまで学んできた電磁気学の基本法則は**マックスウェルの方程式**にまとめられることを示す．

　電磁波は電界の変動が磁界をつくり，その磁界の変動がまた電界をつくり出すということを繰り返しながら空間を伝わる波である．電磁波は波長の長さによって，**電波**から**γ線**までいろいろな名称でよばれている．電磁波は波長によって作用が全く異なる．先に述べたように波長の短い電波である**マイクロ波**は通信や電子レンジに用いられている．最近，携帯電話の普及が著しい．電車の中などで聞かされる着信メロディーはいやおうなしに空を飛び交う電波の存在を認識させてくれる．我々は**可視光**によってものを見ることができる．このように電波と可視光とは作用が異なるために全く違うもののように思われるが，同じ電磁波なのである．

　本章の後半では，マックスウェルの方程式から電磁波が導かれることを示し，電磁波の性質について解説する．

3.1 電磁誘導

図 3.1(a) のように,導線でできた閉回路 C が磁界の中にあるとき,C を貫く磁束すなわち磁束線の総本数 Φ は,2.5 節で学んだように,一般に S を閉回路 C を縁とする任意の曲面,dS をその上の面素片,B をそこでの磁束密度として

$$\Phi = \int_S \boldsymbol{B} \cdot d\boldsymbol{S} \tag{3.1}$$

と表される.特に磁界が一様で,かつ閉回路 C が磁界に垂直な一平面内にある場合には (図 3.1(b)),磁束は簡単に $\Phi = BS$ と表される.

ファラデーは,この磁束が時間的に変動すると閉回路内に起電力が生じ,そのために閉回路に電流が流れることを実験で示した.この現象は次のようにまとめることができる.

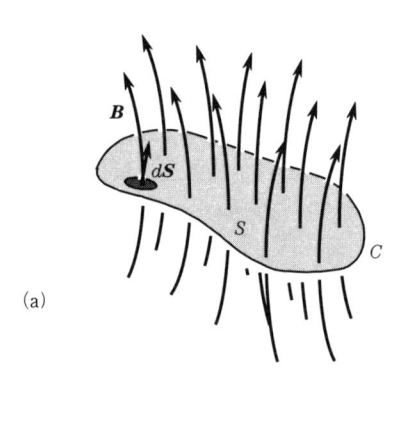

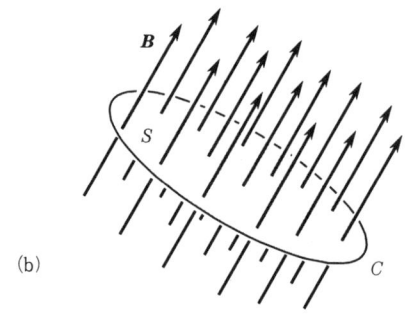

図 3.1 閉回路 C を縁とする曲面 S を貫く磁束線

3.1 電磁誘導

(1) 閉回路を貫く磁束が時間的に変化すると閉回路内に起電力 (電位差) が生じ，その起電力の大きさは閉回路を貫く磁束の時間微分に等しい．

(2) 閉回路内に発生する起電力は，これによって回路を流れる電流がつくる磁束が閉回路を貫くもとの磁束の変化を打ち消すような向きになるように発生する．

これらの現象は**電磁誘導** (electromagnetic induction) とよばれる．また回路内に生ずる起電力は**誘導起電力** (induced electromotive force)，これによって回路の導線内に生ずる電界を**誘導電界** (induced electric field)，そして誘導起電力によって回路を流れる電流は**誘導電流** (induced current) とよばれる．(2) の内容は単独では**レンツの法則** (Lenz law) とよばれるものであるが，一般に，(1) と (2) を合わせて**ファラデーの法則** (Faraday law) とよんでいる．誘導起電力を $V^{(i)}$ とすると，ファラデーの法則は

$$V^{(i)} = -\frac{d\Phi}{dt} = -\frac{d}{dt}\int_S \boldsymbol{B} \cdot d\boldsymbol{S} \tag{3.2}$$

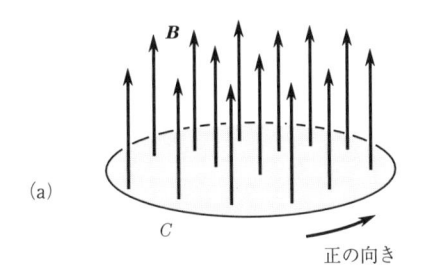

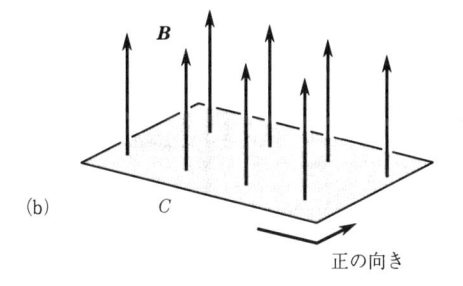

図 3.2 誘導起電力の正の向き

のように表される．ここで誘導起電力 $V^{(i)}$ の正の向きは図 3.2 のように，この向きに右ねじを回したとき，ねじが回路を貫く磁束線の向きに進むようにとる．また (3.2) 式のマイナスの符号は，(2) のレンツの法則によるものである．

閉回路を貫く磁束が時間的に変化するには，磁束密度は時間変化せず，閉回路の大きさや閉回路の位置が変化する場合と，これとは逆に，閉回路の大きさや位置は変化せず，磁束密度が変化する場合とがある．まず前者の閉回路の大きさや位置が変化する場合を考えてみよう．後者の磁束密度が変化する場合は，この後の例題で考えることにしよう．

閉回路の大きさや閉回路の位置が変化する場合

図 3.3 のように，2 本の長い導線 AA′，BB′ と長さ l の導線を A と B で直角に接合したコの字型の平面回路をつくり，この上に長さ l の導線 CD を AB に平行になるように置く．導線 CD は左右に自由に動かすことができるが，接点ではコの字回路と電気的接触が十分とられているものとする．この回路を磁束密度 B の一様な磁界に垂直な面内に置く．導線 CD を速度 v で右に引くと，導線内の電子には D から C に向かうローレンツ力

$$\boldsymbol{F} = -e\boldsymbol{v} \times \boldsymbol{B} \tag{3.3}$$

が働く．ここで

$$\boldsymbol{E}^{(i)} = \boldsymbol{v} \times \boldsymbol{B} \tag{3.4}$$

と書くと，ローレンツ力は

$$\boldsymbol{F} = -e\boldsymbol{E}^{(i)} \tag{3.5}$$

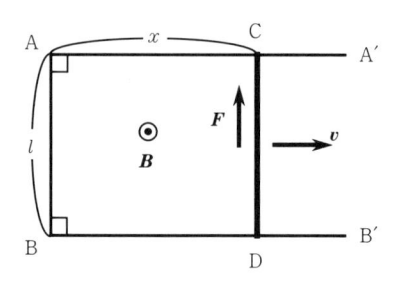

図 3.3

3.1 電磁誘導

と表される.この $E^{(i)}$ は CD 内に生ずる電界と考えることができる.誘導起電力の正の向きは,ABDC の向きであることを考慮すると,$E^{(i)}$ によって DC 間に生ずる電位差 $V^{(i)}$ は

$$V^{(i)} = E^{(i)}l = -vBl \tag{3.6}$$

となる.閉回路 ABDC を貫く磁束は,AC 間の距離を x とすると,$\Phi = Blx$ と表されるので,その時間微分は

$$\frac{d\Phi}{dt} = \frac{d}{dt}(Blx) = Bl\frac{dx}{dt} = Blv \tag{3.7}$$

となる.これから式 (3.2) と同じ $V^{(i)} = -d\Phi/dt$ が導かれ,$V^{(i)}$ が閉回路 ABDC 内に生ずる誘導起電力であることがわかる.また,式 (3.5) の $E^{(i)}$ が閉回路に生ずる誘導電界である.このように閉回路の大きさが変化する場合には,閉回路に働くローレンツ力によって誘導起電力を説明することができる.

〔例題 3.1.1 磁界中で回転するコイルに生ずる誘導起電力〕

図 3.4(a) のように,回転軸をもった長方形コイル PQRS がある(辺の長さは PQ = a,QR = b である).回転軸はコイルの中心を通り辺 QR に平行である.このコイルを鉛直上方を向いた磁束密度 B の一様な磁界中に,回転軸が磁界に垂直になるようして置き,コイルを回転軸のまわりに角速度 ω で回転させる.コイルに生ずる誘導起電力を求めよ.

[解答]

コイルの面と磁界とのなす角 θ は,$\theta = \omega t + \alpha$ と表される.ここで α は時刻 $t = 0$ での θ の値である.コイルを貫く磁束 Φ は

$$\Phi = abB\sin\theta = abB\sin(\omega t + \alpha) \tag{1}$$

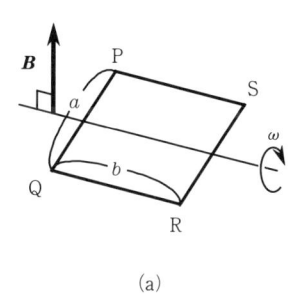

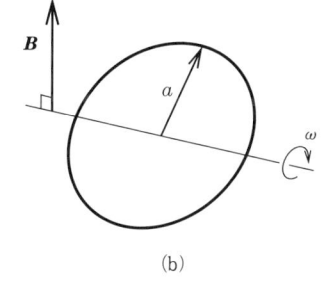

図 3.4

と表される．したがって，コイルに生ずる誘導起電力 $V^{(i)}$ は

$$V^{(i)} = -\frac{d\Phi}{dt} = -abB\frac{d}{dt}\sin(\omega t + \alpha) = -abB\omega\cos(\omega t + \alpha) \tag{2}$$

と求められる．

問 3.1 図 3.4(b) のように，回転軸をもった半径 a の円形コイルがある．回転軸はコイルの中心を通りコイルに平行である．このコイルを鉛直上方を向いた磁束密度 B の一様な磁界中に，回転軸が磁界に垂直になるようして置き，コイルを回転軸のまわりに角速度 ω で回転させる．コイルに生ずる誘導起電力を求めよ．

磁束密度が変化する場合

次に磁界が時間的に変動する場合には，磁束密度 B の大きさが時間的に変動する場合と，回転する磁界のように B の方向が時間と共に変わる場合とがある．以下の例題で，それぞれの場合を考えてみよう．

〔例題 3.1.2 閉回路を貫く磁束と誘導起電力〕
図 3.5(a) のように，1 つの平面内に無限に長い直線導線と半径 a の導線でできた円形閉回路とを接するように置き，直線導線に $I = I_0\sin\omega t$ の交流電流を流す．閉回路を貫く磁束と閉回路に生ずる誘導起電力を求めよ．

(a)

(b)

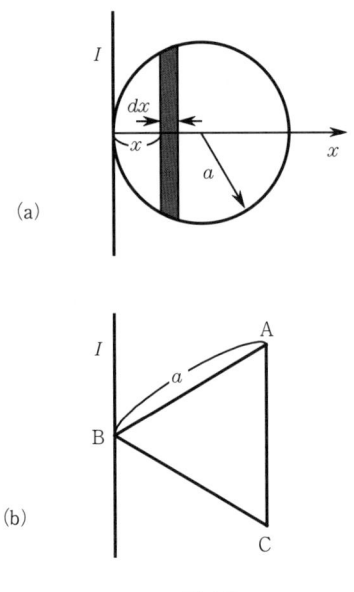

図 3.5

3.1 電磁誘導

[解答]
 円形閉回路の中心 O を通り，直線導線に垂直に x 軸をとる．直線導線から x だけ離れた点での磁束密度 B は

$$B = \frac{\mu_0 I}{2\pi x} \tag{1}$$

である．したがって閉回路内で直線から x と $x+dx$ の間の部分を貫く磁束 $d\Phi$ は

$$d\Phi = \frac{\mu_0 I}{2\pi x} \cdot 2\sqrt{a^2 - (a-x)^2}\, dx = \frac{\mu_0 I}{\pi}\sqrt{\frac{2a-x}{x}}\, dx \tag{2}$$

と表される．これから閉回路を貫く磁束 Φ は

$$\Phi = \int d\Phi = \int_0^{2a} \frac{\mu_0 I}{\pi}\sqrt{\frac{2a-x}{x}}\, dx \tag{3}$$

を計算すれば求められる．この積分は，$x = 2a\sin^2\theta$ と置くと容易に実行できる．その結果，磁束は

$$\Phi = \mu_0 a I = \mu_0 a I_0 \sin\omega t \tag{4}$$

と求められる．閉回路に生ずる誘導起電力 $V^{(i)}$ は，式 (3.2) より

$$V^{(i)} = -\frac{d\Phi}{dt} = -\mu_0 a I_0 \omega \cos\omega t \tag{5}$$

と求められる．

〔例題 3.1.3 回転する磁界中に置かれたコイルに生ずる誘導起電力〕
 例題 3.1.1 の問題で，長方形コイル PQRS を動かないように固定して，磁束密度の大きさが B の一様な磁界をコイルの回転軸のまわりに角速度 ω で回転させる．このときコイルに生ずる誘導起電力を求めよ．

[解答]
 コイルを貫く磁束 Φ は，例題 3.1.1 の場合と全く同じく

$$\Phi = abB\sin\theta = abB\sin(\omega t + \alpha) \tag{1}$$

と表される．ここで θ は，磁界とコイル面とのなす角で，α を定数として $\theta = \omega t + \alpha$ と表される．したがって，コイルに生ずる誘導起電力 $V^{(i)}$ は

$$V^{(i)} = -\frac{d\Phi}{dt} = -abB\frac{d}{dt}\sin(\omega t + \alpha) = -abB\omega\cos(\omega t + \alpha) \tag{2}$$

と求められる．
 このように，磁界とコイルの相対的な位置関係が等しければ，コイルが回転する場合でも磁界が回転する場合でも，同じ誘導起電力がコイルに生ずる．

問 3.2 図 3.5(b) のように，1つの平面内に無限に長い直線導線と，一辺の長さが a の正三角形コイル ABC を B が直線に接し，辺 AC が直線に平行なるように置き，直線導線に $I = I_0 \sin \omega t$ の交流電流を流す．閉回路を貫く磁束と閉回路に生ずる誘導起電力を求めよ．

3.2 誘導電界

時間的に変動している磁束密度 B の磁界の中に，導線の閉回路 C をおくと，前節で学んだように閉回路内には**誘導電界** $E^{(i)}$ が生じる．図 3.6 のように閉回路を微小な線分 Δl_j をつなぎ合わせたものと考える．微小線分 Δl_j 上での誘導電界を $E_j^{(i)}$ とすれば，閉回路に生ずる誘導起電力 $V^{(i)}$ は

$$V^{(i)} = \sum_j E_j^{(i)} \cdot \Delta l_j \tag{3.8}$$

と表される．ここで分割の幅を無限に小さくすれば，微小区間をつなぎ合わせたものは実際の閉回路と同じくなる．このとき誘導起電力 $V^{(i)}$ は

$$V^{(i)} = \oint_C E^{(i)} \cdot dl \tag{3.9}$$

のように，誘導電界の線積分で表される．この式と前節の式 (3.2) で表されるファラデーの法則から

$$V^{(i)} = \oint_C E^{(i)} \cdot dl = -\frac{d\Phi}{dt} = -\frac{d}{dt}\int_S B \cdot dS = -\int_S \left(\frac{\partial B}{\partial t}\right) \cdot dS \tag{3.10}$$

が得られる．ここで S は C を縁とする任意の曲面である．この式の第4項と第5項は，時間に関する微分と面積分の順序を入れ替えたのもである．磁束密

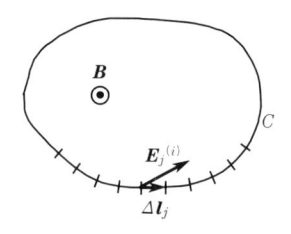

図 3.6 変動する磁界中に置かれた閉回路 C 内に生じる誘導電界

3.2 誘導電界

度は場所と時間の両方の関数であるので,第5項の被積分関数 $\partial \boldsymbol{B}/\partial t$ は時間に関する偏微分になる.これに対して第4項の $\int_S \boldsymbol{B} \cdot d\boldsymbol{S}$ は,面積分を行った後なので時間のみの関数である.

ここまでは,誘導電界 $\boldsymbol{E}^{(i)}$ は導体の閉回路 C の中に生ずると考えてきたが,式 (3.10) は導体の閉回路があるか無いかにかかわらず一般的に成り立つ.このとき C は任意の仮想的な閉曲線になる.すなわち,**磁界が時間的に変動すれば,まわりの空間には導体閉回路が無くとも,式 (3.10) で決まる誘導電界が生ずるのである**.

第1章の1.5節で学んだように,静止した電荷がつくる静電界を $\boldsymbol{E}^{(s)}$ とすれば,任意の閉曲線 C について

$$\oint_C \boldsymbol{E}^{(s)} \cdot d\boldsymbol{l} = 0 \tag{3.11}$$

が成り立つ.空間の電界 $\boldsymbol{E}$ は,静電界 $\boldsymbol{E}^{(s)}$ と誘導電界 $\boldsymbol{E}^{(i)}$ のベクトル和 $\boldsymbol{E} = \boldsymbol{E}^{(s)} + \boldsymbol{E}^{(i)}$ で与えられるので,式 (3.10) と (3.11) から

$$\oint_C \boldsymbol{E} \cdot d\boldsymbol{l} = -\int_S \left(\frac{\partial \boldsymbol{B}}{\partial t}\right) \cdot d\boldsymbol{S} \tag{3.12}$$

が得られる.これは変動する磁界と,それによってできる電界の関係を表す重要な関係式である.

〔例題 3.2.1 誘導電界〕
図3.7のように,中心軸が同じで直径の等しい鉄芯にコイルを巻いた電磁石を用いて,磁極間に中心軸方向に磁束密度 B の一様な磁界をつくり,コイルに流す電流を正弦波的に時間変化させて,この磁束密度を $B = B_0 \sin \omega t$ のように時間変化させる.中心軸から距離 r の点での誘導電界を求めよ.

[解答]
中心軸に垂直な面内に半径 r の円 C を考えると,円周上の各点での誘導電界 $\boldsymbol{E}^{(i)}$ は対称性から接線方向に平行であり,どこでも大きさは等しい.また,中心軸上に電荷がないことから,中心軸に垂直な電界の成分は存在しない(このことは,中心軸と軸が同じ円柱の表面でできる閉曲面 S に電界に関するガウスの法則を適用すれば示すことができる).この円 C を積分経路にとって誘導電界の線積分を行えば

$$\oint_C \boldsymbol{E}^{(i)} \cdot d\boldsymbol{l} = E^{(i)} \oint_C dl = 2\pi r E^{(i)} \tag{1}$$

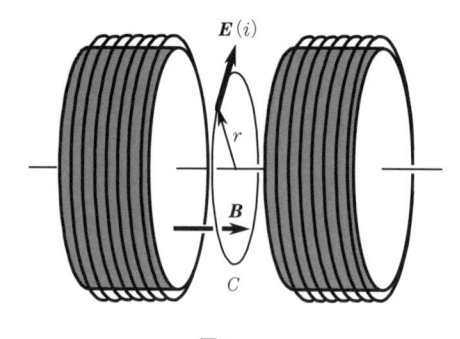

図 3.7

となる．この円を貫く磁束 Φ は

$$\Phi = B \cdot (\pi r^2) = \pi r^2 B_0 \sin \omega t \tag{2}$$

である．これと式 (1) 及び式 (3.10) の関係から

$$2\pi r E^{(i)} = -\frac{d\Phi}{dt} = -\pi r^2 \omega B_0 \cos \omega t \tag{3}$$

が得られる．これより誘導電界は

$$E^{(i)} = -\frac{1}{2} r \omega B_0 \cos \omega t \tag{4}$$

と求められる．

　変動する磁界に垂直に荷電粒子を入れ，ローレンツ力によって円運動させながら，誘導電界を用いて円軌道上で荷電粒子を加速する装置をベータトロン (betatron) という．ただし，上のように一様な磁界中では，荷電粒子が軌道に沿って加速されるために軌道が一定の円にならないので，これが円軌道になるような磁束密度の分布ができるように磁石の形状を工夫しなければならない．

3.3　自己誘導と相互誘導

　第 2 章の 2.4 節と 2.6 節で学んだように，任意のコイルに電流 I を流すと，コイルの内側にできる磁束密度 B の大きさはこの電流 I に比例する．したがってコイルを貫く磁束 Φ も電流 I に比例する．すなわち磁束 Φ は L を比例定数として

$$\Phi = LI \tag{3.13}$$

3.3 自己誘導と相互誘導

と書き表わされる．コイルを流れる電流 I が時間的に変動すると，コイルを貫く磁束 Φ も同じように変動する．したがって，コイル内にはファラデーの法則によって

$$V^{(i)} = -\frac{d\Phi}{dt} = -L\frac{dI}{dt} \tag{3.14}$$

と表される誘導起電力 $V^{(i)}$ が生ずる．この誘導起電力 $V^{(i)}$ はコイルを流れる電流の変化を妨げるように働く．ここで注意しておくことは，N 回巻かれたソレノイドコイルのような場合には，これを貫く全磁束 Φ は，一巻当たりを貫く磁束を ϕ として，$\Phi = N\phi$ となることである．またコイル全体に生ずる誘導起電力 $V^{(i)}$ は，一巻当たりに生ずる誘導起電力 $v^{(i)}$ の和 $V^{(i)} = Nv^{(i)}$ で与えられる．

このように，コイルを流れる電流が時間的に変動すると，コイル内に電流の変化を妨げるように誘導起電力が発生する現象を**自己誘導** (self-induction) とよぶ．また，比例定数 L は**自己インダクタンス** (self-inductance) とよばれ，コイルの形状で値が決まる．自己インダクタンスの単位にはヘンリー [H] が用いられ，次の関係がある．

$$[H] = [Wb/A] = [V\,s/A] \tag{3.15}$$

相互誘導

次に，図 3.8 のように，1 と 2 の 2 つのコイルが相対して置いてある場合を考えよう．コイル 1 に電流 I_1 が流れていると，まわりの空間には磁界が生じ，できる磁束線の一部はコイル 2 を貫く．したがって，コイル 1 を流れる電流 I_1 が時間的に変動すると，コイル 2 を貫く磁束 Φ_2 も時間変化し，このためにコイル 2 には誘導起電力が生ずる．コイル 2 を貫く磁束 Φ_2 はコイル 1 を流れる電流 I_1 によってつくられるので，I_1 に比例する．その比例定数を M_{21} とすれば，コイル 2 に生ずる誘導起電力 $V_2^{(i)}$ は

$$V_2^{(i)} = -\frac{d\Phi_2}{dt} = -M_{21}\frac{dI_1}{dt} \tag{3.16}$$

と表される．このように，一方のコイルに流れる電流が時間的に変動すると，もう一方のコイル内にも誘導起電力が生ずる現象を**相互誘導** (mutual induction) とよぶ．また式 (3.16) の比例定数 M_{21} は**相互インダクタンス** (mutual inductance) とよばれ，その値はそれぞれのコイルの形状と相互の位置関係できまる．

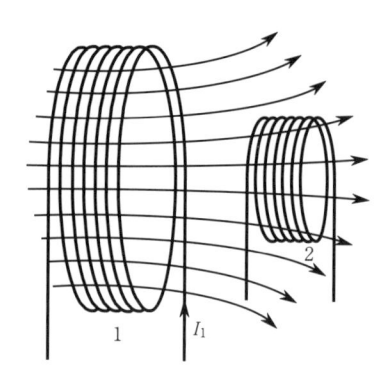

図 3.8 相対して置かれ 2 つのコイル

上とは逆にコイル 2 に電流 I_2 が流れていて，これが時間的に変動していると，相互誘導によって，コイル 1 にも誘導起電力が生ずる．この誘導起電力 $V_1^{(i)}$ は，前と同様に

$$V_1^{(i)} = -M_{12}\frac{dI_2}{dt} \tag{3.17}$$

と表される．ここで相互インダクタンス M_{12} と M_{21} の間には，証明は難しいが

$$M_{12} = M_{21} \tag{3.18}$$

の関係が成り立つ．相互インダクタンスの単位には自己インダクタンスの単位と同じヘンリー [H] が用いられる．

自己誘導と相互誘導の両方の効果

今度は，コイル 1 と 2 のそれぞれに，変動する電流 I_1，I_2 が流れている場合を考えよう．それぞれのコイルに生ずる誘導起電力は，自己誘導と相互誘導による誘導起電力の和で与えられる．コイル 1 と 2 の自己インダクタンスをそれぞれ L_1，L_2，相互インダクタンスを $M = M_{12} = M_{21}$ とすれば，コイル 1 と 2 に生ずる誘導起電力 $V_1^{(i)}$ と $V_2^{(i)}$ は，それぞれ

$$V_1^{(i)} = -L_1\frac{dI_1}{dt} - M\frac{dI_2}{dt}, \quad V_2^{(i)} = -L_2\frac{dI_2}{dt} - M\frac{dI_1}{dt} \tag{3.19}$$

と表される．

3.3 自己誘導と相互誘導

〔例題 3.3.1 ソレノイドコイルの自己インダクタンス〕
　半径 a, 長さ l, 単位長さ当たりの巻数 n のソレノイドコイルの自己インダクタンスを求めよ. ただし長さ l は半径 a に比べて十分長く, 内部の磁束密度は一様であるとする.

[解答]
　長さ l が半径 a に比べて十分長いので, コイル内部の磁束密度は, 無限に長いソレノイドコイルの場合と同じであると考えることができる. 例題 2.6.1 の結果から, コイルに電流 I を流したときの内部の磁束密度は $B = \mu_0 nI$ となる. したがって, コイル 1 巻を貫く磁束 ϕ は

$$\phi = B(\pi a^2) = \mu_0 nI\pi a^2 \tag{1}$$

となる. コイルの巻数は nl であるので, コイルを貫く全磁束 Φ は

$$\Phi = (nl)\phi = \mu_0 n^2 lI\pi a^2 \tag{2}$$

で与えられる. これと $\Phi = LI$ の関係から, 自己インダクタンス L は

$$L = \Phi/I = \mu_0 n^2 l\pi a^2 \tag{3}$$

と求められる.

問 3.3　半径 3×10^{-3} [m], 長さ 0.1 [m], 1 [m] 当たりの巻数 2000 回のソレノイドコイルの自己インダクタンスを計算せよ.

〔例題 3.3.2　2 つの同軸ソレノイドコイルの相互インダクタンス〕
　図 3.9 のように, 半径 a, 長さ l_1, 単位長さ当たりの巻数 n_1 のソレノイドコイル 1 の外側に, 単位長さ当たりの巻数 n_2 で長さ l_2 のコイル 2 をおく. 両コイル間の相互インダクタンスを求めよ. ただし, コイル 1 の長さ l_1 は半径 a に比べて十分長く, 内部の磁束密度は一様であるとする. また, $l_1 > l_2$ とする.

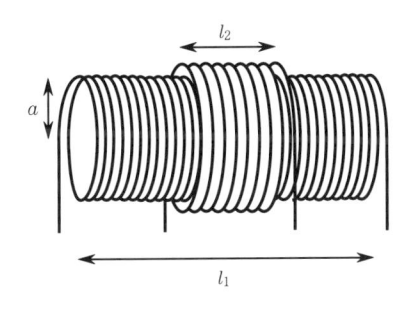

図 3.9

[解答]
コイル1に電流 I_1 を流すと，コイル1巻を貫く磁束 ϕ は，前の例題から
$$\phi = \mu_0 n_1 I_1 \pi a^2 \tag{1}$$
となる．この磁束は外側のコイル2を貫くので，コイル2を貫く全磁束 Φ_2 は
$$\Phi_2 = (n_2 l_2)\phi = \mu_0 n_1 n_2 l_2 I_1 \pi a^2 \tag{2}$$
となる．したがって，$\Phi_2 = M_{21} I_1$ の関係から，相互インダクタンス M_{21} は
$$M_{21} = \mu_0 n_1 n_2 l_2 \pi a^2 \tag{3}$$
と求められる．

3.4 コイルの磁気エネルギー

電流の流れていないコイルを電源につないで電流を流しはじめると，コイルには自己誘導により電流の変化を打ち消す向きに電流を流そうとする誘導起電力が発生する．したがって電流を0からある値にするには，この誘導起電力に逆らって電荷を運ばなければならず，仕事が必要になる．微小時間 dt の間にコイルに運ばれる電荷量は $dq = I\,dt$ である．これを誘導起電力 $V^{(i)}$ に逆らって運ぶので，必要な仕事 dW は

$$dW = -V^{(i)} dq = -V^{(i)} I\,dt = LI\frac{dI}{dt} dt \tag{3.20}$$

となる．時刻 $t=0$ で電流が流れはじめ，$t=t'$ で I になったとすれば，この間に電源がする仕事 W は

$$W = \int_0^{t'} LI\frac{dI}{dt} dt = \int_0^I LI\,dI = \frac{1}{2}LI^2 \tag{3.21}$$

となる．この仕事 W は，電流 I が流れているコイルがもつエネルギーで，**磁気エネルギー** (magnetic energy) とよばれる．磁気エネルギーはコイル自体に蓄えられると解釈することもできるし，またコイルがつくる磁界の中に蓄えられると解釈することもできる．

磁界のエネルギー

次に後者の立場から，磁界中に蓄えられる単位体積当たりの磁気エネルギーを求めてみよう．断面積 S，長さ l，単位長さ当たりの巻数 n のソレノイド

3.4 コイルの磁気エネルギー

コイルを考えてみる．長さ l は断面の半径に比べて十分長いとすれば，内部の磁束密度は一様であり，外部の磁界は無視してもよい．この場合，コイルのインダクタンス L は例題 3.3.1 の結果から $L = \mu_0 n^2 l S$ となる．電流 I が流れているとき，内部の磁束密度は $B = \mu_0 n I$ であるから，磁気エネルギー W は

$$W = \frac{1}{2}LI^2 = \frac{1}{2}\mu_0 n^2 l S I^2 = \frac{(\mu_0 n I)^2}{2\mu_0}Sl = \frac{B^2}{2\mu_0}Sl \tag{3.22}$$

と表される．ここで Sl は，磁界の存在するコイル内部の体積に等しいので，磁界中に蓄えられるエネルギーは，単位体積当たり

$$w = \frac{B^2}{2\mu_0} \tag{3.23}$$

と求められる．この式はソレノイドコイルがつくる一様な磁界中だけでなく，磁界が場所によって変わる場合や時間的に変動する場合にも一般的に成り立つ．

〔例題 3.4.1 LC 回路のエネルギー〕

図 3.10 のように，電圧 V_0 の電源，電気容量 C のコンデンサーおよび自己インダクタンス L のコイルからなる回路がある．まずスイッチを A 側に接続してコンデンサーを充電し，じゅうぶん時間がたってから B 側に接続してコイルとコンデンサーからなる LC 回路に電流を流す．このときコンデンサーの静電エネルギーとコイルの磁気エネルギーの和は保存される．これより回路を流れる電流が単振動することを示し，その角振動数を求めよ．また回路を流れる電流の最大値を求めよ．

[解答]

スイッチを B に接続すると，回路には電流 I が流れる．図の矢印の向きに回路を流れる電流の向きを正とすれば，コンデンサーの極板上の電荷量 Q と電流 I との間には

$$I = -\frac{dQ}{dt} \tag{1}$$

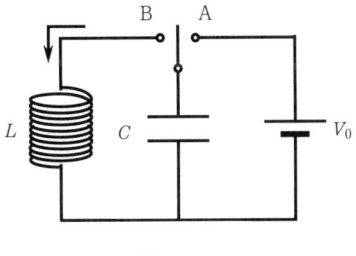

図 3.10

の関係がある．ここで負の符号は，Q が減る ($dQ < 0$) と正の向きの電流が流れることを表している．また，コンデンサーの静電エネルギーとコイルの磁気エネルギーの和は保存されることから

$$\frac{1}{2}LI^2 + \frac{Q^2}{2C} = 一定 \tag{2}$$

が成り立つ．これに式 (1) を代入すれば

$$\frac{1}{2}L\left(\frac{dQ}{dt}\right)^2 + \frac{Q^2}{2C} = 一定 \tag{3}$$

となる．スイッチを B に接続した時刻を $t = 0$ として，$Q = Q_0 \cos \omega t$ とおいて上式に代入すると

$$\frac{1}{2}L\omega^2 Q_0^2 \sin^2 \omega t + \frac{Q_0^2}{2C} \cos^2 \omega t = 一定 \tag{4}$$

が得られる．この左辺が時間に依らず一定となるには

$$\omega = \frac{1}{\sqrt{LC}} \tag{5}$$

であればよい．これから回路を流れる電流は

$$I = -\frac{dQ}{dt} = \omega Q_0 \sin \omega t \tag{6}$$

と求められ，(5) 式で与えられる角振動数で単振動することがわかる．また，最大電流 I_0 は $Q_0 = CV_0$ であるから

$$I_0 = \omega Q_0 = \frac{1}{\sqrt{LC}}(CV_0) = \sqrt{\frac{C}{L}}V_0 \tag{7}$$

と求められる．

問 3.4 半径 2×10^{-2} [m]，長さ 0.1 [m]，1 [m] 当たりの巻数 200 回のソレノイドコイルに 20 [A] の電流を流すとき，ソレノイドコイルに蓄えられる磁気エネルギーはいくらになるか．

問 3.5 半径 1×10^{-2} [m]，長さ 0.1 [m]，1 [m] 当たりの巻数 500 回のソレノイドコイルと電気容量 1 [F] のコンデンサーで例題 3.4.1 と同じ回路をつくる．コンデンサーの充電電圧を 1000 [V] とすると，回路を流れる最大電流はいくらになるか．またコイル内に発生する最大磁束密度はいくらになるか．

問 3.6 例題 3.4.1 と同じ回路をつくり，コンデンサーの電気容量を 0.1 [F] とする．回路を流れる電流の振動の周期を 10 [ms] とするには，コイルの自己インダクタンスをいくらにすればよいか．

3.5 変位電流

3.2節では変動する磁界が電磁誘導によって電界をつくることを述べた. 本節ではこれとは逆に, 変動する電界が磁界を生み出すことを説明しよう.

図3.11のように, 電圧 V_0 の電源, 電気容量 C の平行板コンデンサーおよび自己インダクタンス L のコイルからなる回路を考えよう. スイッチを A 側に接続してコンデンサーを充電した後, B 側に接続すれば, 前節の例題 3.4.1 で求めたように, 角振動数 $\omega = 1/\sqrt{LC}$ で単振動する電流が LC 回路に流れる. これにともなって, コンデンサーの極板間にできる電界も変動する. 図3.11のように, 電流がコンデンサーの上の極板から流れ出る場合を正の向きとすれば, 上の極板上の電荷量 Q と電流 I との間には

$$I = -\frac{dQ}{dt} \tag{3.24}$$

の関係がある. 平行板コンデンサーの極板の面積を S, 極板の間隔を d とすれば, $Q = CV$, $C = \varepsilon_0 S/d$, $V = Ed$ の関係 (p.49 例題 1.7.1 参照) がある. ここで E と V はそれぞれ極板間の電界と電位差である. これらの関係から

$$Q = \varepsilon_0 SE \tag{3.25}$$

が得られる. この式の両辺を時間で微分すると

$$\frac{dQ}{dt} = \varepsilon_0 S \frac{dE}{dt} \tag{3.26}$$

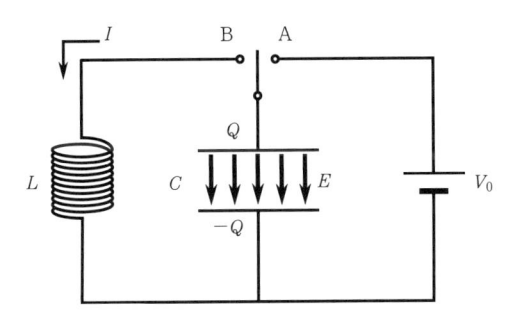

図 3.11　LC 回路を流れる電流と変位電流

となる.ここで,上の極板から電流が流れ出る場合 ($I > 0, dQ < 0$) には,$dE < 0$ であることに注意しておこう.式 (3.24) と (3.26) の比較から,$\varepsilon_0 S(dE/dt)$ を極板間に流れる電流と見なせば,回路全体にわたって電流が連続になる.この電流

$$I_\mathrm{D} = \varepsilon_0 S \frac{dE}{dt} \tag{3.27}$$

を**変位電流** (displacement current) または**電束電流**とよぶ.これを極板の面積で割った値

$$J_\mathrm{D} = \varepsilon_0 \frac{dE}{dt} \tag{3.28}$$

が**変位電流密度**になる.電界 $\boldsymbol{E}$ が場所によって異なる場合には,変位電流密度は一般にベクトルとなり

$$\boldsymbol{J}_\mathrm{D} = \varepsilon_0 \frac{\partial \boldsymbol{E}}{\partial t} \tag{3.29}$$

のように表される.

　第 2 章で学んだように,伝導電流はまわりの空間に磁界をつくる.そして磁界を表す磁束密度と伝導電流の関係は,アンペールの法則

$$\oint_C \boldsymbol{B} \cdot d\boldsymbol{l} = \mu_0 \int_S \boldsymbol{J} \cdot d\boldsymbol{S} \tag{3.30}$$

で表された.ここで左辺は任意の閉曲線 C に沿った磁束密度 $\boldsymbol{B}$ の線積分であり,右辺の電流密度の面積分は C の内側を貫く電流である.上に述べた変位電流は実際の伝導電流のように電荷の流れではないが,マックスウェル (Maxwell) はこの**変位電流も伝導電流と同じく磁界をつくる働きがあると考えた**.このように考えると,式 (3.30) で表されるアンペールの法則は

$$\oint_C \boldsymbol{B} \cdot d\boldsymbol{l} = \mu_0 \int_S \left(\boldsymbol{J} + \varepsilon_0 \frac{\partial \boldsymbol{E}}{\partial t} \right) \cdot d\boldsymbol{S} \tag{3.31}$$

のように修正される.これを**マックスウェル・アンペールの法則** (Maxwell-Ampére's law) という.式 (3.31) の右辺の面積分は,閉曲線 C の内側を貫く伝導電流と変位電流の和である.後に学ぶように,マックスウェル・アンペールの法則とファラデーの法則から電磁波の存在が導かれる.1888 年にヘルツ (Hertz) によって電磁波が発見され,マックスウェルの考えが正しいことが実証された.

3.5 変位電流

〔例題 3.5.1 変位電流〕

円形極板2枚を間隔 d だけ隔ててつくった平行板コンデンサーを，電圧が $V = V_0 \sin \omega t$ と表される交流電源につなぐ．極板間に生ずる変位電流密度と，それによってできる磁束密度を求めよ．ただし，極板の半径は間隔 d に比べて十分大きく，電界は極板間にのみ存在するとする．

[解答]

極板間の電界 E は

$$E = \frac{V}{d} = \frac{V_0}{d} \sin \omega t \tag{1}$$

であるから，変位電流密度 J_D は

$$J_D = \varepsilon_0 \frac{dE}{dt} = \frac{\varepsilon_0 V_0 \omega}{d} \cos \omega t \tag{2}$$

と求められる．

磁束密度の中心軸に垂直な成分が存在しないことは，中心軸と軸が同じ円柱の表面でできる閉曲面 S に磁束密度に関するガウスの法則を適用すればわかる．したがって中心軸に垂直な面内に半径 r の円を考えると，円周上の各点での磁束密度 $\boldsymbol{B}$ は対称性から接線方向に平行であり，どこでも大きさは等しい．この円を積分経路 C にとって磁束密度の線積分を行えば

$$\oint_C \boldsymbol{B} \cdot d\boldsymbol{l} = B \oint_C dl = 2\pi r B \tag{3}$$

となる．この円 C を貫く変位電流 I_D は

$$I_D = \pi r^2 J_D = \frac{\pi r^2 \varepsilon_0 V_0 \omega}{d} \cos \omega t \tag{4}$$

である．したがってマックスウェル・アンペールの法則から

$$2\pi r B = \mu_0 I_D = \frac{\mu_0 \pi r^2 \varepsilon_0 V_0 \omega}{d} \cos \omega t \tag{5}$$

が得られる．これより磁束密度は

$$B = \frac{\mu_0 \varepsilon_0 V_0 \omega r}{2d} \cos \omega t \tag{6}$$

と求められる．

問 3.7 例題3.5.1で，$V_0 = 200$ [V]，$\omega/2\pi = 50$ [Hz]，$d = 2 \times 10^{-3}$ [m] のとき中心軸から 1×10^{-2} [m] の点での磁束密度の最大値を求めよ．

3.6 マックスウェルの方程式

　この節ではこれまでに学んだ真空中の電磁気学のまとめを行おう．第1章「電荷と電界」では**クーロンの法則**から**電界**の概念を導入した．そして静電荷とそのまわりにできる電界の関係は**電界に関するガウスの法則**で表されることを学んだ．第2章「電流と磁界」では2本の導線を流れる電流間に働く力をもとに**磁界**の概念を導入し，磁界を表す**磁束密度**を定義した．電流がつくる磁界について**ビオ・サバールの法則**を学び，これから**磁束密度に関するガウスの法則**と**アンペールの法則**を導いた．第3章「変動する電磁界」では，ファラデーの法則から，磁界が変動すると，まわりには誘導電界ができることを学んだ．また変動する電界を**変位電流**で表し，この変位電流も磁界をつくる作用があるとしてアンペールの法則を修正し，**マックスウェル・アンペールの法則**を導いた．この電界に関するガウスの法則，磁束密度に関するガウスの法則，ファラデーの法則，およびマックスウェル・アンペールの法則が電磁気学の基本法則であり，様々な電磁気現象はこの4つの法則から原理的に導くことができる[1]．これらをもう一度書き表わすと，以下のようになる．

(a) 　電界に関するガウスの法則　　(1.32)

$$\oint_S \boldsymbol{E} \cdot d\boldsymbol{S} = \frac{1}{\varepsilon_0} \int_V \rho \, dV \tag{3.32}$$

(b) 　磁束密度に関するガウスの法則　　(2.39)

$$\oint_S \boldsymbol{B} \cdot d\boldsymbol{S} = 0 \tag{3.33}$$

(c) 　ファラデーの法則　　(3.12)

$$\oint_C \boldsymbol{E} \cdot d\boldsymbol{l} = -\int_S \left(\frac{\partial \boldsymbol{B}}{\partial t}\right) \cdot d\boldsymbol{S} \tag{3.34}$$

---

[1] 電磁気学の基本法則は「**ローレンツ変換**に対して不変でなければならない」という相対性理論からの要請を満たさなければならない．本書で述べたように，古典的にビオ・サバールの法則から磁束密度に関するガウスの法則とアンペールの法則を導くことができるので，ビオ・サバールの法則を基本法則にした方がよいようにも思われる．しかしビオ・サバールの法則はローレンツ変換に対して不変ではない．これに対して，磁束密度に関するガウスの法則とマックスウェル・アンペールの法則はローレンツ変換に対して不変である．したがってビオ・サバールの法則から磁束密度に関するガウスの法則とマックスウェル・アンペールの法則は厳密には導くことはできない．このために上記の4つの法則を電磁気学の基本法則としている．

3.6 マックスウェルの方程式

(d) **マックスウェル・アンペールの法則** (3.31)

$$\oint_C \boldsymbol{B} \cdot d\boldsymbol{l} = \mu_0 \int_S \left(\boldsymbol{J} + \varepsilon_0 \frac{\partial \boldsymbol{E}}{\partial t} \right) \cdot d\boldsymbol{S} \tag{3.35}$$

これらの式は 4 つの基本法則を積分の形で表したものであるが，次の節で述べるように，電磁波を導くには，微分形で表した方が便利である．それぞれを微分形で表すと次のようになる．

$$\operatorname{div} \boldsymbol{E} = \frac{\rho}{\varepsilon_0} \tag{3.36}$$

$$\operatorname{div} \boldsymbol{B} = 0 \tag{3.37}$$

$$\operatorname{rot} \boldsymbol{E} = -\frac{\partial \boldsymbol{B}}{\partial t} \tag{3.38}$$

$$\operatorname{rot} \boldsymbol{B} = \mu_0 \left(\boldsymbol{J} + \varepsilon_0 \frac{\partial \boldsymbol{E}}{\partial t} \right) \tag{3.39}$$

この 4 つの式は**マックスウェルの方程式** (Maxwell's equation) とよばれている．ここで $\operatorname{div} \boldsymbol{A}$ はベクトル量 $\boldsymbol{A}$ からスカラー量をつくる演算で，**ベクトルの発散** (divergence) とよび，

$$\operatorname{div} \boldsymbol{A} = \frac{\partial A_x}{\partial x} + \frac{\partial A_y}{\partial y} + \frac{\partial A_z}{\partial z} \tag{3.40}$$

のように定義される．また $\operatorname{rot} \boldsymbol{A}$ はベクトル量 $\boldsymbol{A}$ から別なベクトル量をつくる演算で，**ベクトルの回転** (rotation) とよび，

$$\operatorname{rot} \boldsymbol{A} = \left(\frac{\partial A_z}{\partial y} - \frac{\partial A_y}{\partial z} \right) \boldsymbol{e}_x + \left(\frac{\partial A_x}{\partial z} - \frac{\partial A_z}{\partial x} \right) \boldsymbol{e}_y + \left(\frac{\partial A_y}{\partial x} - \frac{\partial A_x}{\partial y} \right) \boldsymbol{e}_z \tag{3.41}$$

のように定義される．式 (3.32)〜(3.35) で表される積分形から式 (3.36)〜(3.39) で表される微分形をどのように導くかは次の例題で説明しよう．

〔例題 3.6.1　電界に関するガウスの法則の微分形〕

ベクトル量 $\boldsymbol{A}$ の面積分を体積積分に変換するガウスの定理

$$\oint_S \boldsymbol{A} \cdot d\boldsymbol{S} = \int_V \operatorname{div} \boldsymbol{A} \, dV$$

を用いて，電界に関するガウスの法則を積分形で表した式 (3.32) から式 (3.36) で表される微分形を導け．(ガウスの定理については付録を参照）

[解答]
　ガウスの定理を用いて，電界 $\boldsymbol{E}$ の面積分を $\mathrm{div}\,\boldsymbol{E}$ の体積積分に変換すると

$$\oint_S \boldsymbol{E} \cdot d\boldsymbol{S} = \int_V \mathrm{div}\,\boldsymbol{E}\,dV = \frac{1}{\varepsilon_0}\int_V \rho\,dV \tag{1}$$

となる．この第 2 項と 3 項が等しいことから

$$\mathrm{div}\,\boldsymbol{E} = \frac{\rho}{\varepsilon_0} \tag{2}$$

が導かれる．

〔例題 3.6.2　ファラデーの法則の微分形〕
　ベクトル量 $\boldsymbol{A}$ の線積分を面積分に変換するストークスの定理

$$\oint_C \boldsymbol{A} \cdot d\boldsymbol{l} = \int_S \mathrm{rot}\,\boldsymbol{A} \cdot d\boldsymbol{S}$$

を用いて，ファラデーの法則を積分形で表した式 (3.34) から式 (3.38) で表される微分形を導け．（ストークスの定理については付録を参照）

[解答]
　ストークスの定理を用いて，電界 $\boldsymbol{E}$ の線積分を $\mathrm{rot}\,\boldsymbol{E}$ の面積分に変換すると

$$\oint_C \boldsymbol{E} \cdot d\boldsymbol{l} = \int_S \mathrm{rot}\,\boldsymbol{E} \cdot d\boldsymbol{S} = -\int_S \left(\frac{\partial \boldsymbol{B}}{\partial t}\right) \cdot d\boldsymbol{S} \tag{1}$$

となる．この第 2 項と 3 項が等しいことから

$$\mathrm{rot}\,\boldsymbol{E} = -\frac{\partial \boldsymbol{B}}{\partial t} \tag{2}$$

が導かれる．

問 3.8　磁束密度に関するガウスの法則を積分形で表した式 (3.33) から式 (3.37) で表される微分形を導け．

問 3.9　マックスウェル・アンペールの法則を積分形で表した式 (3.35) から式 (3.39) で表される微分形を導け．

3.7 電磁波

マックスウェル・アンペールの法則から電界が変動するとまわりに磁界が生じ，ファラデーの電磁誘導の法則からこの磁界の変動がまた電界をつくる．このように変動する電界と磁界がこの過程を繰り返しながら空間を伝わる波が**電磁波** (electromagnetic wave) である．本節ではこの電磁波をマックスウェルの方程式から導き，その性質を調べてみよう．

空間に電荷も伝導電流も存在しないとすれば $\rho = 0$, $\boldsymbol{J} = 0$ であるから，マックスウェルの方程式は

$$\text{div}\,\boldsymbol{E} = 0 \tag{3.42}$$

$$\text{div}\,\boldsymbol{B} = 0 \tag{3.43}$$

$$\text{rot}\,\boldsymbol{E} = -\frac{\partial \boldsymbol{B}}{\partial t} \tag{3.44}$$

$$\text{rot}\,\boldsymbol{B} = \varepsilon_0 \mu_0 \frac{\partial \boldsymbol{E}}{\partial t} \tag{3.45}$$

となる．これを具体的に書き表わせば

$$\frac{\partial E_x}{\partial x} + \frac{\partial E_y}{\partial y} + \frac{\partial E_z}{\partial z} = 0 \tag{3.46}$$

$$\frac{\partial B_x}{\partial x} + \frac{\partial B_y}{\partial y} + \frac{\partial B_z}{\partial z} = 0 \tag{3.47}$$

$$\left(\frac{\partial E_z}{\partial y} - \frac{\partial E_y}{\partial z}\right)\boldsymbol{e}_x + \left(\frac{\partial E_x}{\partial z} - \frac{\partial E_z}{\partial x}\right)\boldsymbol{e}_y + \left(\frac{\partial E_y}{\partial x} - \frac{\partial E_x}{\partial y}\right)\boldsymbol{e}_z$$
$$= -\left(\frac{\partial B_x}{\partial t}\boldsymbol{e}_x + \frac{\partial B_y}{\partial t}\boldsymbol{e}_y + \frac{\partial B_z}{\partial t}\boldsymbol{e}_z\right) \tag{3.48}$$

$$\left(\frac{\partial B_z}{\partial y} - \frac{\partial B_y}{\partial z}\right)\boldsymbol{e}_x + \left(\frac{\partial B_x}{\partial z} - \frac{\partial B_z}{\partial x}\right)\boldsymbol{e}_y + \left(\frac{\partial B_y}{\partial x} - \frac{\partial B_x}{\partial y}\right)\boldsymbol{e}_z$$
$$= \varepsilon_0 \mu_0 \left(\frac{\partial E_x}{\partial t}\boldsymbol{e}_x + \frac{\partial E_y}{\partial t}\boldsymbol{e}_y + \frac{\partial E_z}{\partial t}\boldsymbol{e}_z\right) \tag{3.49}$$

となる．この方程式の解は境界条件によって一般に様々な形態をとる．ここでは最も簡単な z 方向に進む平面波を考えよう．平面波とは進行方向である z 方

向に垂直な平面内ではどこでも電界 $\boldsymbol{E}$ と磁束密度 $\boldsymbol{B}$ の変位が等しいような波をいう．この場合，電界と磁束密度は z と t のみの関数になるので

$$\boldsymbol{E}(z,t) = E_x(z,t)\boldsymbol{e}_x + E_y(z,t)\boldsymbol{e}_y + E_z(z,t)\boldsymbol{e}_z \tag{3.50}$$

$$\boldsymbol{B}(z,t) = B_x(z,t)\boldsymbol{e}_x + B_y(z,t)\boldsymbol{e}_y + B_z(z,t)\boldsymbol{e}_z \tag{3.51}$$

のように表される．$\boldsymbol{E}$ と $\boldsymbol{B}$ は x と y に依存しないので

$$\frac{\partial E_x}{\partial x} = \frac{\partial E_y}{\partial x} = \frac{\partial E_z}{\partial x} = 0 \qquad \frac{\partial E_x}{\partial y} = \frac{\partial E_y}{\partial y} = \frac{\partial E_z}{\partial y} = 0 \tag{3.52}$$

$$\frac{\partial B_x}{\partial x} = \frac{\partial B_y}{\partial x} = \frac{\partial B_z}{\partial x} = 0 \qquad \frac{\partial B_x}{\partial y} = \frac{\partial B_y}{\partial y} = \frac{\partial B_z}{\partial y} = 0 \tag{3.53}$$

となる．式 (3.52) を (3.46) に，式 (3.53) を (3.47) に代入すると

$$\frac{\partial E_z}{\partial z} = 0 \qquad \frac{\partial B_z}{\partial z} = 0 \tag{3.54}$$

が得られる．式 (3.52) と (3.53) を式 (3.48) と (3.49) に代入すると

$$\frac{\partial E_y}{\partial z} = \frac{\partial B_x}{\partial t} \tag{3.55}$$

$$\frac{\partial E_x}{\partial z} = -\frac{\partial B_y}{\partial t} \tag{3.56}$$

$$\frac{\partial B_z}{\partial t} = 0 \tag{3.57}$$

および

$$-\frac{\partial B_y}{\partial z} = \varepsilon_0 \mu_0 \frac{\partial E_x}{\partial t} \tag{3.58}$$

$$\frac{\partial B_x}{\partial z} = \varepsilon_0 \mu_0 \frac{\partial E_y}{\partial t} \tag{3.59}$$

$$\frac{\partial E_z}{\partial t} = 0 \tag{3.60}$$

が得られる．式 (3.54), (3.57) および (3.60) から電界と磁束密度の z 成分 E_z と B_z は時間にも場所にも依らず一定であることがわかる．ここでは時間変化しない一様な電界と磁界はないとして，$E_z = 0$, $B_z = 0$ とする．式 (3.56) の両辺を z で偏微分したものと，式 (3.58) の両辺を t で偏微分したものを比較して

$$\frac{\partial^2 E_x}{\partial t^2} = \frac{1}{\varepsilon_0 \mu_0} \frac{\partial^2 E_x}{\partial z^2} \tag{3.61}$$

3.7 電磁波

が得られる．また，式 (3.56) の両辺を t で偏微分したものと，式 (3.58) の両辺を z で偏微分したものを比較して

$$\frac{\partial^2 B_y}{\partial t^2} = \frac{1}{\varepsilon_0 \mu_0} \frac{\partial^2 B_y}{\partial z^2} \tag{3.62}$$

が得られる．同様に式 (3.55) と (3.59) から

$$\frac{\partial^2 E_y}{\partial t^2} = \frac{1}{\varepsilon_0 \mu_0} \frac{\partial^2 E_y}{\partial z^2} \tag{3.63}$$

及び

$$\frac{\partial^2 B_x}{\partial t^2} = \frac{1}{\varepsilon_0 \mu_0} \frac{\partial^2 B_x}{\partial z^2} \tag{3.64}$$

が得られる．このような微分方程式は**波動方程式**とよばれ，その解は z 方向に進む波になる．ここでは正弦波を仮定して，電界の x 成分を

$$E_x = E_1 \sin\left(\frac{2\pi}{\lambda} z - 2\pi\nu t + \alpha_1\right) \tag{3.65}$$

と置いてみよう．これを微分方程式 (3.61) に代入し，両辺を比べると

$$(2\pi\nu)^2 = \frac{1}{\varepsilon_0 \mu_0} \left(\frac{2\pi}{\lambda}\right)^2 \tag{3.66}$$

のときに，両辺が等しくなることがわかる．すなわちこの条件が満たされるとき，式 (3.65) は微分方程式 (3.61) の解になる．ここで E_1 は正弦波の**振幅**，λ は**波長**，ν は**振動数**，そして α_1 は**初期位相**である．また波の速さ c は

$$c = \nu\lambda = \frac{1}{\sqrt{\varepsilon_0 \mu_0}} \tag{3.67}$$

で与えられる．これが真空中での**電磁波の速さ**であり，光の速さに等しい．式 (3.67) から真空中での光の速さは，真空の誘電率と透磁率で書き表されることがわかる．式 (3.65) を方程式 (3.58) に代入すると

$$\frac{\partial B_y}{\partial z} = 2\pi\nu\varepsilon_0 \mu_0 E_1 \cos\left(\frac{2\pi}{\lambda} z - 2\pi\nu t + \alpha_1\right) \tag{3.68}$$

となる．これを z で積分して，式 (3.67) を代入すると

$$\begin{aligned} B_y &= \sqrt{\varepsilon_0 \mu_0} E_1 \sin\left(\frac{2\pi}{\lambda} z - 2\pi\nu t + \alpha_1\right) \\ &= B_1 \sin\left(\frac{2\pi}{\lambda} z - 2\pi\nu t + \alpha_1\right) \end{aligned} \tag{3.69}$$

を得る．同様に電界の y 成分を

$$E_y = E_2 \sin\left(\frac{2\pi}{\lambda}z - 2\pi\nu t + \alpha_2\right) \tag{3.70}$$

と置いて，方程式 (3.59) に代入し，z で積分すると

$$\begin{aligned}B_x &= -\sqrt{\varepsilon_0\mu_0}E_2 \sin\left(\frac{2\pi}{\lambda}z - 2\pi\nu t + \alpha_2\right) \\ &= -B_2 \sin\left(\frac{2\pi}{\lambda}z - 2\pi\nu t + \alpha_2\right)\end{aligned} \tag{3.71}$$

が得られる．これらから

$$E_x = cB_y \qquad E_y = -cB_x \tag{3.72}$$

の関係が導かれる．すなわち，E_x と B_y が同位相であり，E_y と B_x が同位相であることがわかる．また，電界と磁束密度の変位が進行方向に垂直であることから，**電磁波は横波**であることがわかる．図 3.12 は E_x と B_y の変動が波として z 方向に伝わる様子を図示したものである．

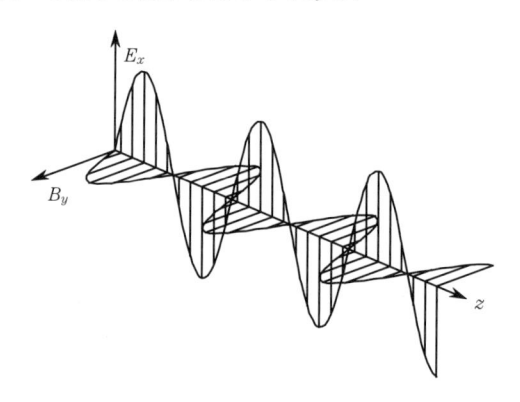

図 3.12　z 方向に進む電磁波

問 3.10　平面電磁波では，電界ベクトル $\boldsymbol{E}$ と磁束密度ベクトル $\boldsymbol{B}$ とは直交することを示せ．

問 3.11　真空の誘電率と透磁率の値 $\varepsilon_0 = 8.854187817 \times 10^{-12}$ [C^2/N m^2] と $\mu_0 = 4\pi \times 10^{-7}$ [N/A^2] を用いて，電磁波の速さを求めよ．

3.7 電磁波

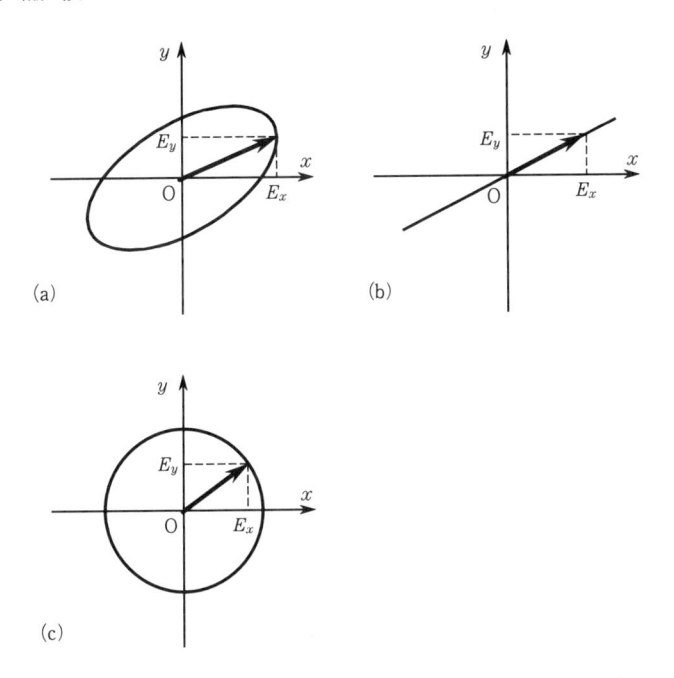

図 3.13 電磁波の偏光 (a) 楕円偏光, (b) 直線偏光, (c) 円偏光

電界の x 成分 E_x と y 成分 E_y の初期位相 α_1 と α_2 は一般に異なるので, 進行方向に垂直な平面内で, 電界 $\boldsymbol{E}$ は図 3.13(a) に示されたように楕円運動をする. このような電磁波の状態を**楕円偏光** (elliptically polarized light) という. $\alpha_1 = \alpha_2$ の場合には, E_x と E_y とが同位相になるので, 電界 $\boldsymbol{E}$ は図 3.13(b) のように直線上を運動する. このような電磁波の状態を**直線偏光** (linearly polarized light) という. また, $E_1 = E_2$, $\alpha_1 = \alpha_2 \pm \pi/2$ のときには, 電界 $\boldsymbol{E}$ は図 3.13(c) のように円運動をするので, この状態を**円偏光** (circularly polarized light) という.

電磁波は波長によって様々な呼び方がされている. 図 3.14 は電磁波の波長と振動数, 及びそれぞれの波長領域での呼び方を示したものである. 波長の一番長い電磁波は電波とよばれる. 電波も波長によって長波からマイクロ波まで様々な呼び方がされている. 電波は通常アンテナに振動電流を流して発生させるが, マイクロ波は専用の電子管や半導体発振器などがある. 電波の次に波長の短い電磁波は赤外線であり, その中で波長の長いものは遠赤外線, 短いものは近赤

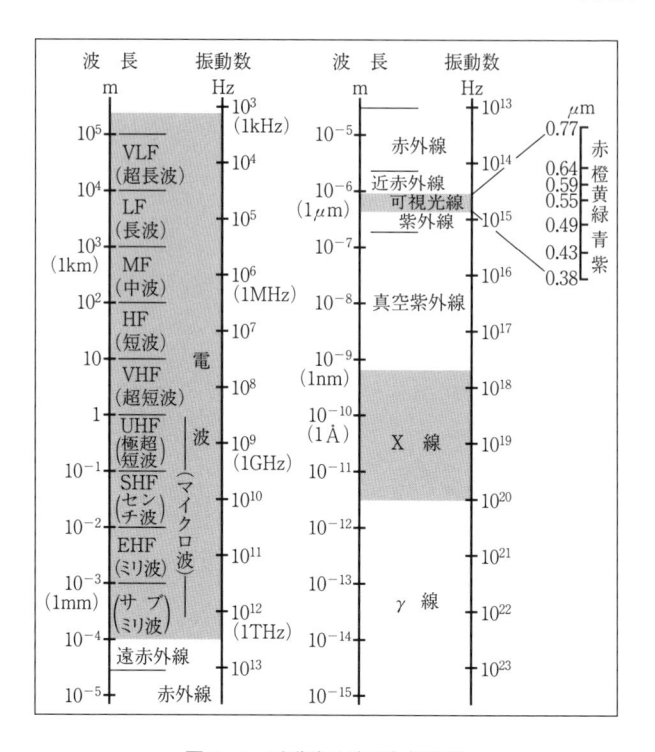

図 3.14 電磁波の波長と振動数

外線とよばれる．赤外線は熱せられた物体からの熱放射によってつくられる．次に波長の短い電磁波が目に感じることのできる可視光である．この後は波長が短くなるにしたがって紫外線，X線，γ線とよばれている．紫外線は原子の発光スペクトルや電子線を金属に当てて発生させた電磁波の中で可視光より波長の短いものを指す．X線は同様にして発生させた電磁波の中でさらに波長の短いものと，最近では電子を高エネルギーに加速することが可能になり，その制動輻射で発生させた電磁波を指す．γ線は原子核の反応や崩壊で発生するものを指す．分子や原子の発光スペクトルの波長領域は非常に広く，マイクロ波領域からX線領域にまで広がっている．

問 3.12　振動数 9.0 [GHz] のマイクロ波の波長を求めよ．

3.8 電磁波のエネルギー

第1章の1.8節で学んだように媒達説的な見方をすれば，電界のある空間には，単位体積当たり $\varepsilon_0 E^2/2$ のエネルギーが蓄えられている．また，本章の3.4節で学んだように，磁界のある空間には，単位体積当たり $B^2/(2\mu_0)$ のエネルギーが蓄えられている．したがって，電界 $\boldsymbol{E}$ と磁束密度 $\boldsymbol{B}$ の磁界が存在する空間には，単位体積当たり

$$w = \frac{1}{2}\left(\varepsilon_0 E^2 + \frac{B^2}{\mu_0}\right) \tag{3.73}$$

のエネルギーが蓄えられている．前節で述べたように，電磁波は電界と磁界の変動が空間を速さ c で伝わる波であるので，電界と磁界のもつエネルギーは，同じ速さ c で流れてゆく．平面電磁波の場合には，進行方向 (z 方向) に垂直な単位面積を単位時間に通過するエネルギー S は

$$S = cw = \frac{c}{2}\left\{\varepsilon_0\left(E_x^2 + E_y^2\right) + \frac{1}{\mu_0}\left(B_x^2 + B_y^2\right)\right\} \tag{3.74}$$

と表される．この式に前節の式 (3.67) と (3.72) を代入すれば

$$S = \frac{1}{\mu_0}\left(E_x B_y - E_y B_x\right) \tag{3.75}$$

となる．ここで

$$\boldsymbol{S} = \frac{1}{\mu_0}\boldsymbol{E} \times \boldsymbol{B} \tag{3.76}$$

で定義されるベクトル $\boldsymbol{S}$ を考えると，$\boldsymbol{S}$ の方向と向きは電磁波の進行方向と進む向きに同じくなり，その大きさ S は式 (3.75) と等しくなる．このベクトルは電磁波のエネルギーの流れの密度 (単位面積を単位時間に通過するエネルギー) を表すベクトルで，**ポインティングベクトル** (Poynting vector) とよばれる．電磁波では電界と磁界が時間的に振動するので，S も時間的に振動する．S の1周期当たりの平均値 $\langle S \rangle$ を**電磁波の強度**という．

式 (3.75) に前節の式 (3.65)，(3.69)，(3.70)，(3.71) で与えられる E_x, B_y, E_y, B_x を代入すれば

$$S = \sqrt{\frac{\varepsilon_0}{\mu_0}}\left\{E_1^2 \sin^2\left(\frac{2\pi}{\lambda}z - 2\pi\nu t + \alpha_1\right) + E_2^2 \sin^2\left(\frac{2\pi}{\lambda}z - 2\pi\nu t + \alpha_2\right)\right\} \tag{3.77}$$

を得る．ここで $\sin^2(\cdots)$ の1周期当たりの平均値は $1/2$ であるから，電磁波の強度 $\langle S \rangle$ は

$$\langle S \rangle = \frac{1}{2}\sqrt{\frac{\varepsilon_0}{\mu_0}}(E_1^2 + E_2^2) \tag{3.78}$$

となる．これから**電磁波の強度は電界の振幅の2乗に比例する**ことがわかる．電磁波の強度 $\langle S \rangle$ の単位は $[\text{J/m}^2\text{s}]=[\text{W/m}^2]$ である．

〔例題 3.8.1 地球が受ける太陽の輻射エネルギー〕

地球は太陽から放射される電磁波を絶えず受けているが，地球の大気圏のすぐ外では，その強さは $1.35\,[\text{kW/m}^2]$ である．この電磁波が単一の振動数をもって直線偏光であるとすると，電界の振幅はいくらになるか．

[解答]

電界の振幅を E_0 とすれば，直線偏光であるので $E_0 = \sqrt{E_1^2 + E_2^2}$ と表される．これを式 (3.78) に代入してして E_0 について解けば

$$E_0 = \sqrt{2\langle S \rangle}\left(\frac{\mu_0}{\varepsilon_0}\right)^{1/4} \tag{1}$$

となる．これに $\langle S \rangle = 1.35 \times 10^3\,[\text{J/m}^2\text{s}]$, $\varepsilon_0 = 8.854187817 \times 10^{-12}\,[\text{C}^2/\text{Nm}^2]$, $\mu_0 = 4\pi \times 10^{-7}\,[\text{N/A}^2]$ を代入すれば電界の振幅は

$$E_0 = 1.01 \times 10^3\,[\text{V/m}] \tag{2}$$

と求められる．

問 3.13　例題 3.8.1 の問題で，地球の大気圏のすぐ外での電磁波の磁束密度の振幅を求めよ．

問 3.14　電界の振幅が $1.0 \times 10^{-2}\,[\text{V/m}]$ である直線偏光の電磁波の強度を求めよ．また，この電磁波の進行方向に垂直な面積 $4.0\,[\text{m}^2]$ を1分間に通過する電磁波のエネルギーはいくらになるか．

演習問題 3

3.1 地磁気の鉛直成分が 3.6×10^{-5} [T] である空中を，両翼の長さが 50 [m] のジェット機が 1000 [km/h] の速さで水平に飛行している．翼の両端間の現れる電位差を求めよ．

3.2 磁束密度 B の一様な磁界がある．この磁界に垂直な面内で一端 O を固定した長さ l の導体棒 OP が置いてあり，O を中心に一定の角速度 ω で回転している．以下の問に答えよ．
(1) 導体棒 OP の中で O から距離 x の点での誘導電界を求め，これを x について積分することによって，OP 間に現れる誘導起電力を求めよ．
(2) 導体棒 OP が時間 t の間に掃く磁束を求めて，これを時間で微分すると，その大きさが (1) で求めた誘導起電力に一致することを示せ．
(3) $B = 1$ [T], $\omega = 100\pi$ [rad/s], $l = 1$ [m] のとき，OP 間に現れる誘導起電力を計算せよ．

3.3 z 方向に振動数 ν で振動する磁界がある．半径 a, 巻数 n の円形コイルをコイルの面が xy 平面内にあるように置いて，コイルに生ずる誘導起電力を測定したら，その振幅が V_0 であった．振動する磁界の磁束密度の振幅 B_0 を求めよ．

3.4 図 3.15 のように，$x = 0$ と $x = l$ の境界面に挟まれた領域にだけ磁束密度 B の一様な磁界が z 方向正の向きに加えられている．xy 面内に，一辺の長さが a と b の長方形コイル ABCD が辺 AD と境界面に平行になるように置いてある．このコイルを一定の速さ v で x 軸方向に動かす．辺 AD が $x = 0$ に達したときを時刻 $t = 0$ として，コイルに発生する誘導起電力を t の関数として求めよ．ただし $a < l$ とする．

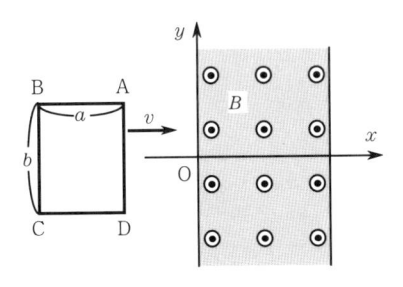

図 3.15

3.5 半径 a の細い枠に導線を n 回巻いた円形コイル 2 つを，互いに平行で，かつ中心軸が一致するように距離 a を隔てて配置したヘルムホルツコイル (図 2.18 参

照) の自己インダクタンスを求めよ．ただし，円形コイルに挟まれた領域の磁束密度は場所に依らず一定で，その値は中心軸上で 2 つの円形コイルの中間点での磁束密度の値に等しいとする．

3.6 導線をドーナツ状に巻いた半径 R, 太さ $2a$, 総巻数 N のトロイダルコイルがある (図 2.36(b) 参照)．以下の問に答えよ．ただし，$R \gg a$ とする．
(1) このトロイダルコイルの自己インダクタンスを求めよ．
(2) このトロイダルコイルに電流 I を流すとき，コイルに蓄えられる磁気エネルギーを求めよ．
(3) 磁気エネルギーが磁界中に蓄えられるとして，磁気エネルギーを求め，(2) で求めた値と等しくなることを確かめよ．

3.7 図 3.16 のように，自己インダクタンス L_1 と L_2 の 2 つのコイルを直列に接続した場合と，並列に接続した場合とで合成自己インダクタンスを求めよ．

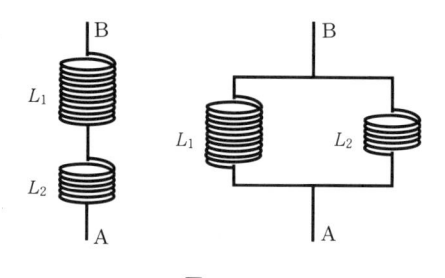

図 3.16

(**ヒント**) 端子 A から B に流れる電流 I, 両端子間に生ずる誘導起電力 $V^{(i)}$, および合成自己インダクタンスとの間には $V^{(i)} = -L(dI/dt)$ の関係がある．また，それぞれのコイルの両端間に生ずる誘導起電力 $V_1^{(i)}$, $V_2^{(i)}$ との間には，$V^{(i)} = V_1^{(i)} + V_2^{(i)}$ （直列）および $V^{(i)} = V_1^{(i)} = V_2^{(i)}$ （並列）の関係がある．

3.8 図 3.17(a) のように，1 つの平面内に無限に長い直線導線と，辺の長さが a と b の長方形コイル ABCD を辺 AD が直線に平行になるように距離 d だけ離して置き，直線導線に $I = I_0 \sin \omega t$ の交流電流を流す．閉回路を貫く磁束と閉回路に生ずる誘導起電力を求めよ．また，直線導線も 1 つのコイルと見なして，これらの組み合わせでの相互インダクタンスを求めよ．

3.9 図 3.17(b) のように，巻数 n_1, 半径 a の大きなコイル 1 と巻数 n_2, 半径 b ($b \ll a$) の小さなコイル 2 を同じ平面内で中心が一致するように置き，コイル 1 に $I = I_0 \sin \omega t$ で表される交流電流を流す．コイル 2 に生ずる誘導起電力を求めよ．ま

演習問題 3

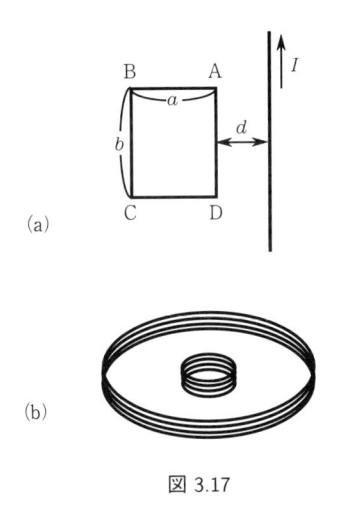

図 3.17

た，これらの2つのコイルの間の相互インダクタンスを求めよ．ただし，コイルの長さは無視し，平面円形コイルと考えてよい．

3.10 導線で半径 R，太さ $2a$，巻数 N_1 のトロイダルコイルをつくり，その外側を覆うように導線を N_2 回巻いて2層のトロイダルコイルをつくる．両コイル間の相互インダクタンスを求めよ．ただし，$R \gg a$ とする．

3.11 半径 a と b $(b > a)$ の2つの同軸円筒状導体があり，この上を電流 I が中心軸方向に互いに逆向きに流れている．中心軸に沿って長さ l の部分に蓄えられる磁気エネルギーを求めよ．

3.12 例題 3.5.1 のように，半径 a の円形極板2枚を間隔 d だけ隔ててつくった平行板コンデンサーを，電圧が $V = V_0 \sin \omega t$ と表される交流電源につなぐ．半径 R $(R < a)$，太さが間隔と同じ d，総巻数 N のトロイダルコイルを中心軸が一致するように極板間に挟む．トロイダルコイル全体に発生する誘導起電力を求めよ．ただし，極板の半径 a は間隔 d に比べて十分大きく，電界は極板間にのみ存在するとする．また，トロイダルコイルの半径 R も太さ d に比べて十分大きいものとする．

3.13 電荷 q を持った荷電粒子が x 軸上で $x = x_0 + a \sin \omega t$ と表される単振動をしている．ここで x_0, a, ω は定数である．原点における変位電流密度を求めよ．ただし，$x_0, a > 0$, $x_0 > a$ とする．

3.14 レーザー光は位相のそろった単一の振動数をもった光である．出力 10 [mW] の

He-Neレーザーからビームの直径が 2.0 [mm] の直線偏光したレーザー光が出ている．この光の電界の振幅はいくらか．

付　録

ベクトルの外積

　ベクトルの**外積** (vector product) は，2つのベクトル a と b から新しいベクトル $a \times b$ をつくる演算である．以下にその定義と外積の性質について述べよう．

　外積 $a \times b$ はベクトルであるので，方向と向き及び大きさをもっている．図 A.1(a) に 2 つのベクトル a, b とそれらの外積 $a \times b$ の関係を図示した．まず，$a \times b$ の方向は，a と b に垂直であり，向きは a から b に向かって両者のなす角度 θ が小さい向きに ($\theta < 180°$ である図の矢印の向きに) 右ねじを回したとき，ねじの進む向きと一致する．したがって，a と b を逆にすると外積の符号が変わるので

$$a \times b = -(b \times a) \tag{A.1}$$

の関係がある．図 A.1(b) のように，a を中指に，b を人指し指に，$a \times b$ を親指に対応させると覚えやすい．

　次に $a \times b$ の大きさは，a と b がつくる平行四辺形の面積に等しい．すなわち

$$|a \times b| = |a||b|\sin\theta \tag{A.2}$$

である．したがって，$a \times b$ の大きさは a と b が直交するときに最大となり，両者が平行や反平行の場合には $a \times b = 0$ となる．

　a, b, c を任意のベクトルとすると**分配法則**

$$a \times (b+c) = a \times b + a \times c \tag{A.3}$$

図 A.1

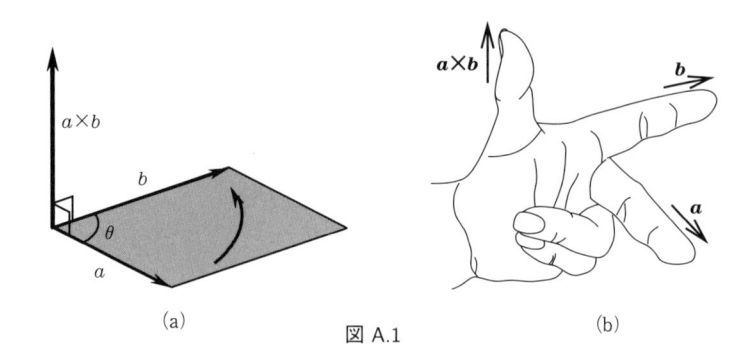

が成り立つ．ここでも記号 × の前後のベクトルを入れ替えると符号が変わるので注意しよう．

単位ベクトル e_x, e_y, e_z の間には

$$e_x \times e_y = e_z, \qquad e_y \times e_z = e_x, \qquad e_z \times e_x = e_y \tag{A.4}$$

$$e_x \times e_x = 0, \qquad e_y \times e_y = 0, \qquad e_z \times e_z = 0 \tag{A.5}$$

の関係がある．

ベクトル a と b を

$$\left.\begin{array}{l} a = (a_x,\ a_y,\ a_z) = a_x e_x + a_y e_y + a_z e_z \\ b = (b_x,\ b_y,\ b_z) = b_x e_x + b_y e_y + b_z e_z \end{array}\right\} \tag{A.6}$$

と表せば，外積 $a \times b$ は

$$a \times b = (a_y b_z - a_z b_y)e_x + (a_z b_x - a_x b_z)e_y + (a_x b_y - a_y b_x)e_z \tag{A.7}$$

のように表される．これは行列式を用いて

$$a \times b = \begin{vmatrix} e_x & e_y & e_z \\ a_x & a_y & a_z \\ b_x & b_y & b_z \end{vmatrix} \tag{A.8}$$

のようにも表される．

極 座 標

直交座標 (x, y, z) で表される点 P を図 A.2 のように極座標 (r, θ, φ) で表すと，これらの間には

$$x = r\sin\theta\cos\varphi, \qquad y = r\sin\theta\sin\varphi, \qquad z = r\cos\theta \qquad (A.9)$$

$$r = \sqrt{x^2 + y^2 + z^2}, \qquad \cos\theta = \frac{z}{\sqrt{x^2 + y^2 + z^2}}, \qquad \tan\varphi = \frac{y}{x} \qquad (A.10)$$

の関係がある．P からわずかだけ離れた点 P' の極座標を $(r+dr, \theta+d\theta, \varphi+d\varphi)$ とすれば，これら 2 点を表す位置ベクトル $\bm{r}$ と $\bm{r}'$ の差 $d\bm{r} = \bm{r}' - \bm{r}$ は

$$d\bm{r} = (dr)\,\bm{e}_r + (r\,d\theta)\,\bm{e}_\theta + (r\sin\theta\,d\varphi)\,\bm{e}_\varphi \qquad (A.11)$$

と表される．ここで $\bm{e}_r$, $\bm{e}_\theta$, $\bm{e}_\varphi$ はそれぞれ r 方向，θ 方向，φ 方向の単位ベクトルである．半径 r の球面上での面素片は，一辺の長さが $r\,d\theta$ と $r\sin\theta\,d\varphi$ の長方形になるので，その大きさ dS は

$$dS = r^2 \sin\theta\,d\theta\,d\varphi \qquad (A.12)$$

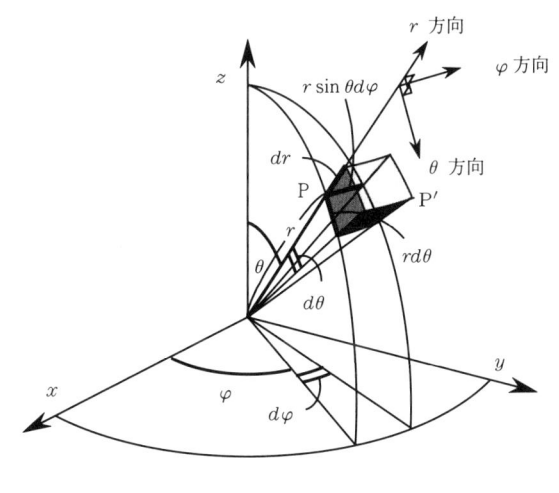

図 A.2

となる．また，図の影をつけた直方体で表される体積素片 dV は，一辺の長さが dr, $r\,d\theta$, $r\sin\theta\,d\varphi$ の直方体であるから

$$dV = r^2 \sin\theta \, dr \, d\theta \, d\varphi \tag{A.13}$$

となる．

電位 ϕ の勾配 $\mathrm{grad}\,\phi$ を x, y, z 方向の単位ベクトル代わりに，r 方向，θ 方向，φ 方向の単位ベクトル $\boldsymbol{e}_r$, $\boldsymbol{e}_\theta$, $\boldsymbol{e}_\varphi$ を用いて

$$\mathrm{grad}\,\phi = (\mathrm{grad}\,\phi)_r\,\boldsymbol{e}_r + (\mathrm{grad}\,\phi)_\theta\,\boldsymbol{e}_\theta + (\mathrm{grad}\,\phi)_\varphi\,\boldsymbol{e}_\varphi \tag{A.14}$$

のように表すと，各成分は

$$(\mathrm{grad})_r = \frac{\partial \phi}{\partial r}, \qquad (\mathrm{grad})_\theta = \frac{1}{r}\frac{\partial \phi}{\partial \theta}, \qquad (\mathrm{grad})_\varphi = \frac{1}{r\sin\theta}\frac{\partial \phi}{\partial \varphi} \tag{A.15}$$

となる．

ガウスの定理とストークスの定理

ガウスの定理

図 A.3 のように，閉曲面 S に囲まれた体積を各面が x 軸，y 軸，z 軸に平行になるように微小体積 ΔV_i に分割する．各辺の長さを Δx_i, Δy_i, Δz_i とし，各面の中心を $\mathrm{P}_1 \sim \mathrm{P}_6$ と表す．微小体積 ΔV_i の表面からなる微小閉曲面 ΔS_i について，あるベクトル量 $\boldsymbol{A}$ の面積分を考えよう．まず，x 軸に垂直な P_1 と P_4 を含む微小面 ΔS_1 と ΔS_4 での面積分から考える．$\boldsymbol{A}$ の x 成分の P_1 と P_4 での値を $A_x(\mathrm{P}_1)$, $A_x(\mathrm{P}_4)$ とする．ΔS_1 と ΔS_4 では面素片ベクトル $d\boldsymbol{S}$ が互いに逆向きであることに注意すると，

$$\int_{\Delta S_1 + \Delta S_4} \boldsymbol{A} \cdot d\boldsymbol{S} = A_x(\mathrm{P}_1)\Delta S_1 - A_x(\mathrm{P}_4)\Delta S_4 = \{A_x(\mathrm{P}_1) - A_x(\mathrm{P}_4)\}\Delta y_i \Delta z_i \tag{A.16}$$

となることがわかる．ここで，微小体積 ΔV_i の中心の座標を (x_i, y_i, z_i) とすると，$A_x(\mathrm{P}_1)$ と $A_x(\mathrm{P}_4)$ は，Δx_i が微小なので

$$A_x(\mathrm{P}_1) = A_x(x_i + \frac{\Delta x_i}{2}, y_i, z_i) = A_x(x_i, y_i, z_i) + \frac{\partial A_x}{\partial x}\frac{\Delta x_i}{2} \tag{A.17}$$

ガウスの定理とストークスの定理 143

(a)

(b)

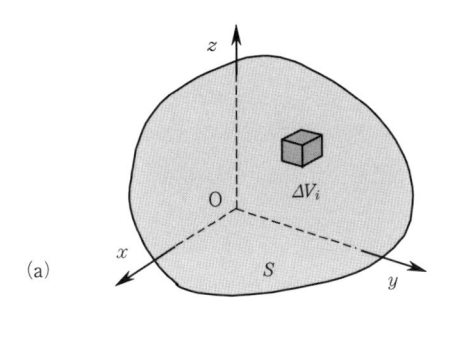

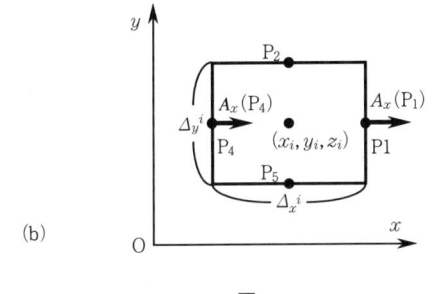

図 A.3

$$A_x(\mathrm{P}_4) = A_x(x_i - \frac{\Delta x_i}{2}, y_i, z_i) = A_x(x_i, y_i, z_i) - \frac{\partial A_x}{\partial x}\frac{\Delta x_i}{2} \qquad (\mathrm{A}.18)$$

のように表される．これを式 (A.16) に代入すれば

$$\int_{\Delta S_1} \boldsymbol{A} \cdot d\boldsymbol{S} + \int_{\Delta S_4} \boldsymbol{A} \cdot d\boldsymbol{S} = \frac{\partial A_x}{\partial x} \Delta x_i \Delta y_i \Delta z_i \qquad (\mathrm{A}.19)$$

が得られる．

y 軸と z 軸に平行な面についても同様のことが言えるので，微小閉曲面 ΔS_i についてのベクトル量 $\boldsymbol{A}$ の面積分は

$$\oint_{\Delta S_i} \boldsymbol{A} \cdot d\boldsymbol{S} = \left(\frac{\partial A_x}{\partial x} + \frac{\partial A_y}{\partial y} + \frac{\partial A_z}{\partial z}\right) \Delta x_i \Delta y_i \Delta z_i = \mathrm{div}\,\boldsymbol{A}\,\Delta V_i \qquad (\mathrm{A}.20)$$

となる．

式 (A.20) を全ての微小体積 ΔV_i について加え合わせるとき，隣接する微小体積の間では，接する面において $\boldsymbol{A}$ の面積分が相殺するので，どの微小体積の

面とも接しない面，すなわち閉曲面 S 上の面についての面積分だけが残る．したがって

$$\sum_i \oint_{\Delta S_i} \boldsymbol{A} \cdot d\boldsymbol{S} \Rightarrow \oint_S \boldsymbol{A} \cdot d\boldsymbol{S} \tag{A.21}$$

となる．一方式 (A.20) の右辺の i についての和は

$$\sum_i \operatorname{div} \boldsymbol{A}\, \Delta V_i \Rightarrow \int_V \operatorname{div} \boldsymbol{A}\, dV \tag{A.22}$$

のように，閉曲面 S の内側の体積 V についての体積積分になる．式 (A.20)，(A.21)，(A.22) から

$$\oint_S \boldsymbol{A} \cdot d\boldsymbol{S} = \int_V \operatorname{div} \boldsymbol{A}\, dV \tag{A.23}$$

が得られる．この関係を**ガウスの定理** (Gauss theorem) という．

ストークスの定理

図 A.4(a) のように，xy 平面内に閉経路 C を考え，その内側の平面を S としよう．この平面を辺が x 軸と y 軸に平行になるように微小面積 ΔS_i に分割する．図 A.4(b) のように，微小面積 ΔS_i の角を A，B，C，D とし，各辺の中点を $P_1 \sim P_4$ とする．微小面積 ΔS_i の縁を ΔC_i として，ΔC_i についてあるベクトル量 $\boldsymbol{A}$ の線積分を求めてみよう．線積分の向きは図の矢印の向きにとる．点 P_1 と P_3 での $\boldsymbol{A}$ の x 成分を $A_x(P_1)$，$A_x(P_3)$ とし，点 P_2 と P_4 での $\boldsymbol{A}$ の y 成分を $A_y(P_2)$，$A_y(P_4)$ と表すと，$\boldsymbol{A}$ の線積分は，辺 AB と CD の長さを Δx_i，Δy_i として

$$\begin{aligned}\oint_{\Delta C_i} \boldsymbol{A} \cdot d\boldsymbol{l} &= A_x(P_1)\Delta x_i + A_y(P_2)\Delta y_i - A_x(P_3)\Delta x_i - A_y(P_4)\Delta y_i \\ &= \{A_x(P_1) - A_x(P_3)\}\Delta x_i + \{A_y(P_2) - A_y(P_4)\}\Delta y_i \end{aligned} \tag{A.24}$$

と表される．ここで，微小面積 ΔS_i の中心の座標を (x_i, y_i, z_i) とすると，$A_x(P_1)$，$A_x(P_3)$，$A_y(P_2)$，$A_y(P_4)$ は Δx_i と Δy_i が微小であるので

$$A_x(P_1) = A_x\left(x_i, y_i - \frac{\Delta y_i}{2}, z_i\right) = A_x(x_i, y_i, z_i) - \frac{\partial A_x}{\partial y}\frac{\Delta y_i}{2} \tag{A.25}$$

$$A_x(P_3) = A_x\left(x_i, y_i + \frac{\Delta y_i}{2}, z_i\right) = A_x(x_i, y_i, z_i) + \frac{\partial A_x}{\partial y}\frac{\Delta y_i}{2} \tag{A.26}$$

ガウスの定理とストークスの定理

$$A_y(\mathrm{P}_2) = A_y(x_i + \frac{\Delta x_i}{2}, y_i, z_i) = A_y(x_i, y_i, z_i) + \frac{\partial A_y}{\partial x}\frac{\Delta x_i}{2} \tag{A.27}$$

$$A_y(\mathrm{P}_4) = A_y(x_i - \frac{\Delta x_i}{2}, y_i, z_i) = A_y(x_i, y_i, z_i) - \frac{\partial A_y}{\partial x}\frac{\Delta x_i}{2} \tag{A.28}$$

のように表される.これらを式 (A.24) に代入すれば

$$\oint_{\Delta C_i} \boldsymbol{A} \cdot d\boldsymbol{l} = \left(\frac{\partial A_y}{\partial x} - \frac{\partial A_x}{\partial y}\right)\Delta x_i \Delta y_i = (\mathrm{rot}\,\boldsymbol{A})_z \Delta x_i \Delta y_i \tag{A.29}$$

が得られる.ここで,大きさが微小面積 ΔS_i に等しく,方向が ΔS_i に垂直で向きが線積分の向きに右ねじを回したとき,ねじの進む向きをもったベクトル $\Delta \boldsymbol{S}_i$ を用いると,式 (A.29) は

$$\oint_{\Delta C_i} \boldsymbol{A} \cdot d\boldsymbol{l} = \left(\frac{\partial A_y}{\partial x} - \frac{\partial A_x}{\partial y}\right)\boldsymbol{e}_z \cdot \Delta \boldsymbol{S}_i = (\mathrm{rot}\,\boldsymbol{A})_z \boldsymbol{e}_z \cdot \Delta \boldsymbol{S}_i \tag{A.30}$$

のように表される.

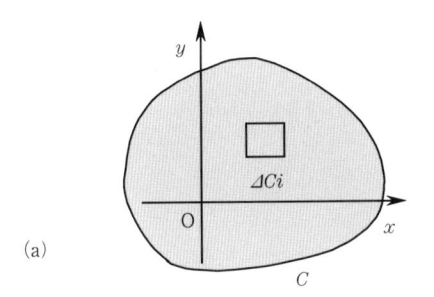

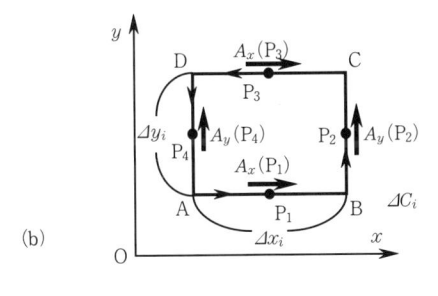

図 A.4

式 (A.30) を全ての微小面積 ΔS_i について加え合わせるとき，隣接する微小面積の間では，接する辺において $\boldsymbol{A}$ の線積分が相殺するので，どの微小面積の辺とも接しない辺，すなわち閉経路 C 上の辺についての線積分だけが残る．したがって

$$\sum_i \oint_{\Delta C_i} \boldsymbol{A} \cdot d\boldsymbol{l} \Rightarrow \oint_C \boldsymbol{A} \cdot d\boldsymbol{l} \tag{A.31}$$

となる．一方式 (A.30) の右辺の i についての和は

$$\sum_i (\operatorname{rot} \boldsymbol{A})_z \boldsymbol{e}_z \cdot \Delta \boldsymbol{S}_i \Rightarrow \int_S (\operatorname{rot} \boldsymbol{A})_z \boldsymbol{e}_z \cdot d\boldsymbol{S} \tag{A.32}$$

のように，閉経路 C の内側の面積 S についての面積分になる．式 (A.30), (A.31), (A.32) から

$$\oint_C \boldsymbol{A} \cdot d\boldsymbol{l} = \int_S (\operatorname{rot} \boldsymbol{A})_z \boldsymbol{e}_z \cdot d\boldsymbol{S} \tag{A.33}$$

が得られる．

式 (A.33) は，閉経路 C が任意で，S が C を縁とする任意の曲面の場合にも拡張することができる．その場合，式 (A.33) は

$$\oint_C \boldsymbol{A} \cdot d\boldsymbol{l} = \int_S \operatorname{rot} \boldsymbol{A} \cdot d\boldsymbol{S} \tag{A.34}$$

となる．この関係を**ストークスの定理** (Stokes theorem) という．

問 題 解 答

1 章の問

問 1.1 $Q_1 - Q_1'$

問 1.2 (b), (c)

問 1.3 糸の張力 T は A に働くクーロン力の大きさ F_A に等しい．B, C, D が A に及ぼすクーロン力を F_{BA}, F_{CA}, F_{DA} とすれば

$$T = F_A = F_{CA} + F_{BA} \cos 45° + F_{DA} \cos 45°$$

である．これに

$$F_{CA} = \frac{1}{4\pi\varepsilon_0} \frac{q^2}{(2l)^2}, \quad F_{BA} = F_{DA} = \frac{1}{4\pi\varepsilon_0} \frac{q^2}{(\sqrt{2}l)^2}$$

を代入して，張力は

$$T = \frac{q^2}{4\pi\varepsilon_0 l^2} \frac{1+2\sqrt{2}}{4} = \frac{(1+2\sqrt{2})q^2}{16\pi\varepsilon_0 l^2}$$

と求められる．

問 1.4 P_1 と P_2 にある電荷が点 P につくる電界をそれぞれ $\boldsymbol{E}_1$, $\boldsymbol{E}_2$ とすれば，その大きさは

$$E_1 = E_2 = \frac{q}{4\pi\varepsilon_0(r^2+a^2)}$$

147

となる．E_1 と E_2 が y 軸となす角を θ とすると
$$\sin\theta = \frac{a}{\sqrt{r^2+a^2}}$$
である．したがって，点 P での電界 E の強さは
$$E = 2E_1\sin\theta = \frac{aq}{2\pi\varepsilon_0(r^2+a^2)^{3/2}}$$
となる．

問 1.5 x 軸上で原点 O から x の位置に微小部分 dx を考えると，この微小部分がもつ電荷 λdx が点 P につくる電界は x 軸正の向きを向き，その大きさは
$$dE = \frac{\lambda dx}{4\pi\varepsilon_0(r-x)^2}$$
となる．これを積分して電界は
$$E = \int_{-a}^{a}\frac{\lambda dx}{4\pi\varepsilon_0(r-x)^2} = \frac{\lambda}{4\pi\varepsilon_0}\left[\frac{1}{r-x}\right]_{-a}^{a} = \frac{a\lambda}{2\pi\varepsilon_0(r^2-a^2)}$$
と求められる．

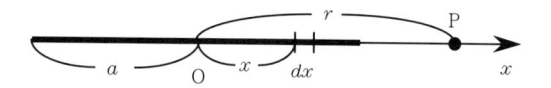

問 1.6 点 P を平面上に投影した点 O から半径 r と $r+dr$ の間に挟まれた円輪上には，単位長さ当たり $\lambda = \sigma dr$ の電荷があるので，円輪が P につくる電界は例題 1.3.3 の結果を用いると
$$dE = \frac{\sigma r z dr}{2\varepsilon_0(r^2+z^2)^{3/2}}$$
となる．したがって，P での電界は
$$E = \int_0^\infty \frac{\sigma rz}{2\varepsilon_0(r^2+z^2)^{3/2}}dr$$
を計算すれば求められる．この積分は $t=r^2$ とおくことによって
$$E = \int_0^\infty \frac{\sigma rz}{2\varepsilon_0(r^2+z^2)^{3/2}}\frac{dr}{dt}dt$$
$$= \int_0^\infty \frac{\sigma z}{4\varepsilon_0(t+z^2)^{3/2}}dt = \frac{\sigma z}{4\varepsilon_0}\left[-\frac{2}{\sqrt{(t+z^2)}}\right]_0^\infty = \frac{\sigma z}{4\varepsilon_0}\frac{2}{|z|}$$
となる．ゆえに電界は
$$E = \frac{\sigma}{2\varepsilon_0}$$
となって，距離 z に依存しない．

1 章の問　　149

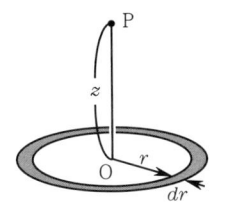

問 1.7 中心 O から半径 r' と $r'+dr'$ の間に挟まれた球殻には $dQ = 4\pi r'^2 \rho dr'$ の電荷がある．ここで ρ は電荷密度．この球殻上の電荷が中心から距離 r の点 P につくる電界 dE は，例題 1.3.4 の結果から

$$dE = \begin{cases} \dfrac{dQ}{4\pi\varepsilon_0 r^2} = \dfrac{\rho r'^2}{\varepsilon_0 r^2}dr' & (r' < r) \\ 0 & (r' > r) \end{cases}$$

となる．したがって，P における電界は

$$E = \begin{cases} \displaystyle\int_0^a \dfrac{\rho r'^2}{\varepsilon_0 r^2}dr' = \dfrac{\rho a^3}{3\varepsilon_0 r^2} & (r > a) \\ \displaystyle\int_0^r \dfrac{\rho r'^2}{\varepsilon_0 r^2}dr' + \int_r^a 0 dr' = \dfrac{\rho r}{3\varepsilon_0} & (r < a) \end{cases}$$

となる．これに $\rho = 3Q/(4\pi a^3)$ を代入すれば

$$E = \begin{cases} \dfrac{Q}{4\pi\varepsilon_0 r^2} & (r > a) \\ \dfrac{Qr}{4\pi\varepsilon_0 a^3} & (r < a) \end{cases}$$

が得られる．

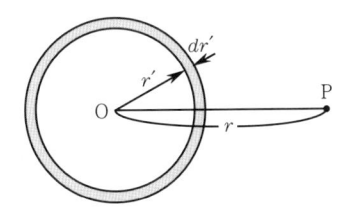

問 1.8 対称性から電界 $\boldsymbol{E}$ は中心軸に垂直で，中心から放射状に外に向かっている．中心軸が直線と一致する半径 r，長さ l の円柱の表面を閉曲面 S と考え，これにガウスの法則を適用すると

$$\oint_S \boldsymbol{E} \cdot d\boldsymbol{S} = \int_{側面} \boldsymbol{E} \cdot d\boldsymbol{S} + \int_{上面} \boldsymbol{E} \cdot d\boldsymbol{S} + \int_{下面} \boldsymbol{E} \cdot d\boldsymbol{S}$$

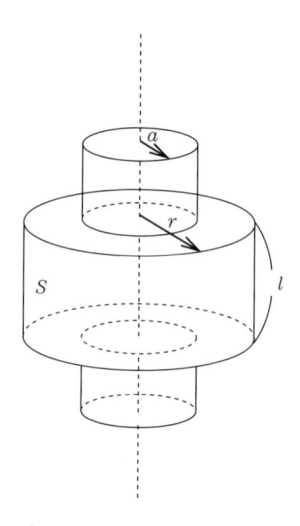

となる．ここで上面と下面では，$\boldsymbol{E} \perp d\boldsymbol{S}$ であるために，面積分の値は 0 になる．側面上では，$\boldsymbol{E} \parallel d\boldsymbol{S}$ であって，電界の強さ E はどこでも同じであるから

$$\int_{側面} \boldsymbol{E} \cdot d\boldsymbol{S} = E \int_{側面} dS = E \times (2\pi rl)$$

となる．S 内の電荷の総和は，$r > a$ のとき $2\pi al\sigma$ で $r < a$ のときには 0 であるから

$$2\pi rlE = \begin{cases} \dfrac{2\pi al\sigma}{\varepsilon_0} & (r > a) \\ 0 & (r < a) \end{cases}$$

ゆえに

$$E = \begin{cases} \dfrac{a\sigma}{\varepsilon_0 r} & (r > a) \\ 0 & (r < a) \end{cases}$$

問 1.9 (1)　A の上側と B の下側の空間では，A の上にある電荷がつくる電界と B の上にある電荷がつくる電界が加え合わさるので

$$E = 2 \times \frac{\sigma}{2\varepsilon_0} = \frac{\sigma}{\varepsilon_0}$$

となる．また，A と B に挟まれた空間では，A の上にある電荷がつくる電界と B の上にある電荷がつくる電界が打ち消し合うので $E = 0$ となる．

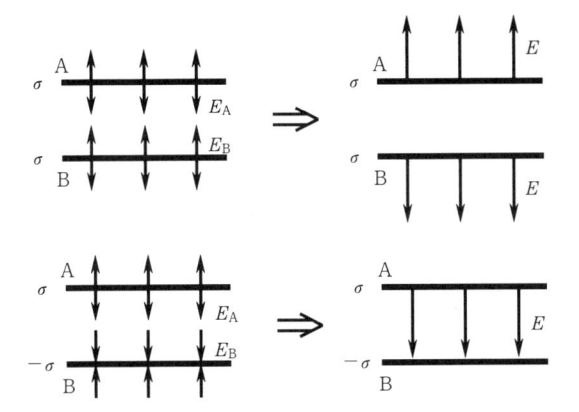

(2) A の上側と B の下側の空間では，A の上にある電荷がつくる電界と B の上にある電荷がつくる電界が打ち消し合うので $E=0$ となる．また，A と B に挟まれた空間では，A の上にある電荷がつくる電界と B の上にある電荷がつくる電界が加え合わさるので

$$E = 2 \times \frac{\sigma}{2\varepsilon_0} = \frac{\sigma}{\varepsilon_0}$$

となる．

問 1.10 中心が同じ半径 r の球面 S を考え，これにガウスの法則を適用する．電界 $\boldsymbol{E}$ は球対称で，その強さ E は r のみの関数である．電界は常に球面に垂直で，その強さは球面上どこでも等しいことから

$$\oint_S \boldsymbol{E} \cdot d\boldsymbol{S} = E \oint_S dS = E \times (4\pi r^2)$$

となる．球面 S 内の電荷の総和を $Q(r)$ とすれば，$r > a$ のときは $Q(r) = Q$，$r < a$ のときは $Q : Q(r) = a^3 : r^3$ の関係があるので

$$Q(r) = Q\frac{r^3}{a^3}$$

となる．したがって

$$4\pi r^2 E = \frac{Q(r)}{\varepsilon_0} = \begin{cases} \dfrac{Q}{\varepsilon_0} & (r > a) \\ \dfrac{Qr^3}{\varepsilon_0 a^3} & (r < a) \end{cases}$$

これから電界は
$$E = \begin{cases} \dfrac{Q}{4\pi\varepsilon_0 r^2} & (r > a) \\ \dfrac{Qr}{4\pi\varepsilon_0 a^3} & (r < a) \end{cases}$$
と求められる.

問 1.11 問 1.5 の結果を用いると, 点 P での電界は x 軸に平行で大きさは
$$E = \frac{a\lambda}{2\pi\varepsilon_0(r^2 - a^2)}$$
ただし $r > a$. 電位 ϕ を求めるにあたって, 電界の線積分は経路に依らないので, これを x 軸上で P から無限遠まで行えば, 電位 ϕ は
$$\phi = \int_r^\infty \frac{a\lambda}{2\pi\varepsilon_0(r^2 - a^2)} dr = \int_r^\infty \frac{\lambda}{4\pi\varepsilon_0}\left(\frac{1}{r-a} - \frac{1}{r+a}\right) dr$$
$$= \frac{\lambda}{4\pi\varepsilon_0}\left[\log\frac{r-a}{r+a}\right]_r^\infty = \frac{\lambda}{4\pi\varepsilon_0}\log\frac{r+a}{r-a}$$
と求められる.

$r \gg a$ のときには, $\log(1+x) \approx x$ の近似式を用いると
$$\log\frac{r+a}{r-a} = \log\left(1 + \frac{a}{r}\right) - \log\left(1 - \frac{a}{r}\right) \approx 2\frac{a}{r}$$
であるから, 電位 ϕ は
$$\phi = \frac{\lambda}{4\pi\varepsilon_0} \cdot 2\frac{a}{r} = \frac{2a\lambda}{4\pi\varepsilon_0 r}$$
となる. ここで分子の $2a\lambda$ は長さ $2a$ にわたって分布する電荷の総量であるから, $r \gg a$ のときには点 P の電位は, 中心 O に電荷 $Q = 2a\lambda$ がある場合と同じくなる.

問 1.12 問 1.10 の結果より, 中心 O から距離 r の点での電界は
$$E = \begin{cases} \dfrac{Q}{4\pi\varepsilon_0 r^2} & (r > a) \\ \dfrac{Qr}{4\pi\varepsilon_0 a^3} & (r < a) \end{cases}$$
となる. これから電位 ϕ は, $r > a$ の場合には
$$\phi = \int_r^\infty E\,dr = \int_r^\infty \frac{Q}{4\pi\varepsilon_0 r^2} dr = \frac{Q}{4\pi\varepsilon_0}\left[-\frac{1}{r}\right]_r^\infty = \frac{Q}{4\pi\varepsilon_0 r}$$

と求められ，$r < a$ の場合には

$$\phi = \int_r^a \frac{Qr}{4\pi\varepsilon_0 a^3} dr + \int_a^\infty \frac{Q}{4\pi\varepsilon_0 r^2} dr$$

$$= \frac{Q}{4\pi\varepsilon_0 a^3} \left[\frac{r^2}{2}\right]_r^a + \frac{Q}{4\pi\varepsilon_0} \left[-\frac{1}{r}\right]_a^\infty = \frac{Q}{8\pi\varepsilon_0 a^3}(3a^2 - r^2)$$

と求められる．

問 **1.13** 問 1.8 の結果より，中心軸から距離 r の点での電界は

$$E = \begin{cases} \dfrac{a\sigma}{\varepsilon_0 r} & (r > a) \\ 0 & (r < a) \end{cases}$$

となる．例題 1.5.2 の解答を参考にすれば，電位差 $\Delta\phi = \phi_A - \phi_B$ は $r_A < r_B < a$ のとき

$$\Delta\phi = \int_{r_A}^{r_B} 0 \, dr = 0$$

となり，$r_A < a < r_B$ のときには

$$\Delta\phi = \int_{r_A}^a 0 \, dr + \int_a^{r_B} \frac{a\sigma}{\varepsilon_0 r} dr = 0 + \frac{a\sigma}{\varepsilon_0} [\log r]_a^{r_B} = \frac{a\sigma}{\varepsilon_0} \log \frac{r_B}{a}$$

となる．また，$a < r_A < r_B$ のときには

$$\Delta\phi = \int_{r_A}^{r_B} \frac{a\sigma}{\varepsilon_0 r} dr = \frac{a\sigma}{\varepsilon_0} [\log r]_{r_A}^{r_B} = \frac{a\sigma}{\varepsilon_0} \log \frac{r_B}{r_A}$$

となる．

問 **1.14** 電荷 q' を B から A まで運ぶには，q' が受けるクーロン力 $\boldsymbol{F} = q'\boldsymbol{E}$ につりあう力 $-\boldsymbol{F}$ を加えながら q' を B から A まで運ばなければならないので，これに要する仕事 ΔW は

$$\Delta W = \int_B^A (-\boldsymbol{F}) \cdot d\boldsymbol{l} = -q' \int_B^A \boldsymbol{E} \cdot d\boldsymbol{l} = q' \int_A^B \boldsymbol{E} \cdot d\boldsymbol{l} = q' \Delta\phi$$

となる．これに例題 1.5.2 で求めた $\Delta\phi$ を代入して

$$\Delta W = \frac{q'\lambda}{2\pi\varepsilon_0} \log \frac{r_B}{r_A}$$

が得られる．

問 1.15 等電位線上の点 (x,y) における微分係数は，例題 1.5.3 の解答の (6) 式を x で微分して，dy/dx について解くことによって

$$\frac{dy}{dx} = -\frac{1}{y}\left(x + a \times \frac{1+C_1^2}{1-C_1^2}\right)$$

となる．この点を通る電気力線は等電位線に直交するので，電気力線の点 (x,y) における微分係数は

$$\frac{dy}{dx} = \frac{y}{x + a \times \dfrac{1+C_1^2}{1-C_1^2}}$$

で与えられる．この式の定数 C_1 に

$$C_1 = \frac{r_B}{r_A} = \frac{\sqrt{(x+a)^2+y^2}}{\sqrt{(x-a)^2+y^2}}$$

を代入して，x を y の関数と見なして整理すると

$$\frac{x^2}{y^2} - \frac{2x}{y}\frac{dx}{dy} = 1 + \frac{a^2}{y^2} \tag{1}$$

となる．この式の左辺は

$$-\frac{d}{dy}\left(\frac{x^2}{y}\right)$$

と表されるので，(1) 式を y で積分すると

$$-\frac{x^2}{y} = y - \frac{a^2}{y} + 2C_2$$

となる．ここで C_2 は積分定数である．これを整理すれば

$$x^2 + (y+C_2)^2 = a^2 + C_2^2$$

となって，電気力線は円弧になることが示される．

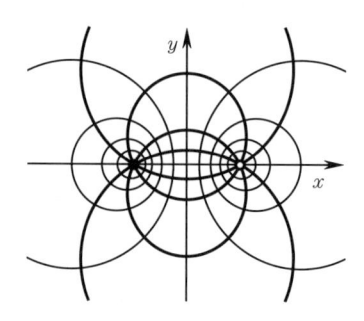

電気力線 (太線) と等電位線 (細線)

1章の問

問 1.16 半径 a と b の導体球の表面での電界をそれぞれ E_a, E_b とすれば

$$E_a = \frac{Q_a}{4\pi\varepsilon_0 a^2}, \qquad E_b = \frac{Q_b}{4\pi\varepsilon_0 b^2}$$

である．これと表面での電荷密度

$$\sigma_a = \frac{Q_a}{4\pi a^2}, \qquad \sigma_b = \frac{Q_b}{4\pi b^2}$$

を用いれば

$$E_a = \frac{\sigma_a}{\varepsilon_0}, \qquad E_b = \frac{\sigma_b}{\varepsilon_0}$$

が導かれ，式 (1.62) の関係が成り立つことが示される．

問 1.17 半径 a, b, c の球の表面上にある電荷量をそれぞれ Q_a, Q_b, Q_c とすると，3つの球の電位は等しく

$$\phi = \frac{Q_a}{4\pi\varepsilon_0 a} = \frac{Q_b}{4\pi\varepsilon_0 b} = \frac{Q_c}{4\pi\varepsilon_0 c} \tag{1}$$

で与えられる．3つの球の表面上の電荷密度をそれぞれ σ_a, σ_b, σ_c とすれば

$$\sigma_a = \frac{Q_a}{4\pi a^2}, \qquad \sigma_b = \frac{Q_b}{4\pi b^2}, \qquad \sigma_c = \frac{Q_c}{4\pi c^2} \tag{2}$$

となる．式 (1) と (2) から

$$\sigma_a = \frac{\varepsilon_0 \phi}{a}, \qquad \sigma_b = \frac{\varepsilon_0 \phi}{b}, \qquad \sigma_c = \frac{\varepsilon_0 \phi}{c} \tag{3}$$

が得られる．電荷の和が Q であることから

$$Q = 4\pi(a^2\sigma_a + b^2\sigma_b + c^2\sigma_c) = 4\pi\left(a^2\frac{\varepsilon_0\phi}{a} + b^2\frac{\varepsilon_0\phi}{b} + c^2\frac{\varepsilon_0\phi}{c}\right) = 4\pi\varepsilon_0\phi(a+b+c) \tag{4}$$

が成り立つ．これから電位 ϕ は

$$\phi = \frac{Q}{4\pi\varepsilon_0(a+b+c)} \tag{5}$$

と求められる．これを式 (3) に代入すれば，球の表面上の電荷密度は

$$\sigma_a = \frac{Q}{4\pi a(a+b+c)}, \qquad \sigma_b = \frac{Q}{4\pi b(a+b+c)}, \qquad \sigma_c = \frac{Q}{4\pi c(a+b+c)} \tag{6}$$

と求められる．

問 **1.18** 導体中の電界が 0 になるためには，空洞の内壁に総量 $-q$ の電荷が誘起されなければならない．また導体が接地されているので導体の電位は 0 である．これから導体の外部の電界も 0 でなければならない．よって導体の外側表面上には電荷は存在しない．このことより中心から距離 r の点の電界は

$$E = \begin{cases} 0 & (r > b) \\ \dfrac{q}{4\pi\varepsilon_0 r^2} & (r < b) \end{cases}$$

となる．したがって，電位 ϕ は $r > b$ のときには 0 となり，$r < b$ のときには

$$\phi = \int_r^b E\, dr + \int_b^\infty E\, dr = \int_r^b \frac{q}{4\pi\varepsilon_0 r^2} dr + \int_b^\infty 0\, dr = \frac{q}{4\pi\varepsilon_0}\left(\frac{1}{r} - \frac{1}{b}\right)$$

となる．

問 **1.19** $C = 4\pi\varepsilon_0 a = 4\pi \times (8.854 \times 10^{-12}) \times (6.4 \times 10^6) = 7.1 \times 10^{-4}$ [F]

問 **1.20** $C = \dfrac{\varepsilon_0 S}{d} = \dfrac{(8.854 \times 10^{-12}) \times (1.0 \times 10^{-1})^2}{1.0 \times 10^{-3}} = 8.9 \times 10^{-11}$ [F]

問 **1.21** 全体に電位差 $\Delta\phi$ を与えると，個々のコンデンサーの両極板間の電位差も同じく $\Delta\phi$ になる．i 番目のコンデンサーの電位が高い側の極板上の電荷を Q_i とすれば，$Q_i = C_i \Delta\phi$ の関係がある．したがって高電位側の極板上の電荷の和 Q は

$$Q = \sum_{i=1}^N Q_i = \sum_{i=1}^N C_i \Delta\phi = C\Delta\phi$$

となる．ここで C は合成容量である．これから

$$C = \frac{Q}{\Delta\phi} = \sum_{i=1}^N C_i$$

が得られる．

問 **1.22** $U = \dfrac{1}{2}CV^2 = \dfrac{1}{2} \times (100 \times 10^{-12}) \times (100)^2 = 5.0 \times 10^{-7}$ [J]

問 **1.23** 中心から半径 r と $r+dr$ の 2 つの球に挟まれた体積 $4\pi r^2 dr$ の空間に蓄えられる静電エネルギーを dU とすれば

$$dU = \frac{1}{2}\varepsilon_0 E^2 (4\pi r^2 dr) = \frac{1}{2}\varepsilon_0 \left(\frac{Q}{4\pi\varepsilon_0 r^2}\right)^2 (4\pi r^2 dr) = \frac{Q^2}{8\pi\varepsilon_0 r^2} dr$$

となる．これを積分することによって電界中に蓄えられる静電エネルギー U は

$$U = \int dU = \int_a^\infty \frac{Q^2}{8\pi\varepsilon_0 r^2} dr = \frac{Q^2}{8\pi\varepsilon_0}\left[-\frac{1}{r}\right]_a^\infty = \frac{Q^2}{8\pi\varepsilon_0 a}$$

と求められる．これは
$$U = \frac{1}{2}Q\phi$$
に導体球の電位
$$\phi = \frac{Q}{4\pi\varepsilon_0 a}$$
を代入して得られる結果と一致する．

問 **1.24** このコンデンサーを電圧 V で充電すると中心軸に沿って単位長さ当たり
$$\lambda = \frac{Q}{l} = \frac{CV}{l} = \frac{2\pi\varepsilon_0 V}{\log\left(\dfrac{b}{a}\right)} \tag{1}$$
の電荷が高電位側の極板上に蓄えられる．中心軸から半径 r と $r+dr$ の2つの円筒に挟まれた体積 $2\pi r l dr$ の空間に蓄えられる静電エネルギーを dU とすれば
$$dU = \frac{1}{2}\varepsilon_0 E^2 (2\pi r l dr) = \frac{1}{2}\varepsilon_0 \left(\frac{\lambda}{2\pi\varepsilon_0 r}\right)^2 (2\pi r l dr) = \frac{\lambda^2 l}{4\pi\varepsilon_0 r}dr$$
となる．これを積分することによって電界中に蓄えられる静電エネルギー U は
$$U = \int dU = \int_a^\infty \frac{\lambda^2 l}{4\pi\varepsilon_0 r}dr = \frac{\lambda^2 l}{4\pi\varepsilon_0}[\log r]_a^b = \frac{\lambda^2 l}{4\pi\varepsilon_0}\log\frac{b}{a}$$
と表される．これに式 (1) を代入すると U は
$$U = \frac{\pi\varepsilon_0 l V^2}{\log\left(\dfrac{b}{a}\right)}$$
と求められる．これは
$$U = \frac{1}{2}Q\Delta\phi = \frac{1}{2}CV^2$$
に電気容量
$$C = \frac{2\pi\varepsilon_0 l}{\log\left(\dfrac{b}{a}\right)}$$
を代入して得られる結果と一致する．

演習問題 1

1.1 万有引力は 5.54×10^{-51} [N], クーロン力は 2.30×10^{-8} [N]

1.2 運動エネルギーを K とすれば,
$$K = \frac{1}{2}mv^2 = \frac{1}{2}m(a\omega)^2 \tag{1}$$
動径方向の加速度は $-a\omega^2$ であるから, 動径方向の運動方程式は
$$-ma\omega^2 = -\frac{e^2}{4\pi\varepsilon_0 a^2}$$
となる. これから ω^2 を求め, (1) 式に代入すれば
$$K = \frac{e^2}{8\pi\varepsilon_0 a}$$
が得られる. 位置エネルギー U は, 電子の位置での電位を ϕ とすれば $U = (-e)\phi$ で与えられるので
$$U = -\frac{e^2}{4\pi\varepsilon_0 a}$$
となる. 力学的エネルギー E は
$$E = K + U = -\frac{e^2}{8\pi\varepsilon_0 a}$$
となる.

1.3 反時計まわりを角度 φ の正の向きとすれば, 接線方向の加速度は $l(\partial^2 \varphi/\partial t^2)$ と表され, 小球に働くクーロン力の接線方向成分は $-qE\sin\varphi$ となる. したがって, 接線方向の運動方程式は
$$ml\frac{\partial^2 \varphi}{\partial t^2} = -qE\sin\varphi \tag{1}$$
となる. 振動が微小であることから $\sin\varphi \approx \varphi$ と近似し,
$$\omega = \sqrt{\frac{qE}{ml}}$$
とおくと, 方程式 (1) は
$$\frac{\partial^2 \varphi}{\partial t^2} + \omega^2 \varphi = 0$$
となる. この解は a と α を定数として $\varphi = a\sin(\omega t + \alpha)$ と表される. したがって振動の周期 T は
$$T = \frac{2\pi}{\omega} = 2\pi\sqrt{\frac{ml}{qE}}$$
と求められる.

演習問題 1

1.4 三角形の辺の中点の1つを Q とすれば，QP 間の距離 r は

$$r = \sqrt{(a/\sqrt{3})^2 + z^2}$$

となる．また，OP と QP のなす角を θ とすれば

$$\cos\theta = \frac{z}{\sqrt{(a/\sqrt{3})^2 + z^2}}$$

の関係がある．例題 1.3.2 の結果から，1つの辺上に分布する電荷がにつくる電界の大きさ E_1 は

$$E_1 = \frac{\lambda}{2\pi\varepsilon_0 r}\frac{a}{\sqrt{r^2+a^2}} = \frac{\lambda}{2\pi\varepsilon_0\sqrt{a^2/3+z^2}}\frac{a}{\sqrt{4a^2/3+z^2}}$$

となる．3つの辺上に分布する電荷が P につくる電界を合成すると，OP に垂直な成分は打ち消し合うので，P での電界 $\boldsymbol{E}$ は OP に平行で，その大きさは

$$E = 3E_1\cos\theta = \frac{3az\lambda}{2\pi\varepsilon_0(a^2/3+z^2)\sqrt{4a^2/3+z^2}}$$

となる．

1.5 例題 1.3.3 の結果から P 点での電界 $\boldsymbol{E}$ は OP に平行でその大きさは

$$E = \frac{\lambda az}{2\varepsilon_0(a^2+z^2)^{3/2}}$$

である．P 点の電位 ϕ は $\boldsymbol{E}$ を OP に沿って P から無限遠まで線積分をすることによって

$$\phi = \int_z^\infty \frac{\lambda az}{2\varepsilon_0(a^2+z^2)^{3/2}}dz = \frac{\lambda a}{2\varepsilon_0}\left[-\frac{1}{\sqrt{a^2+z^2}}\right]_z^\infty = \frac{\lambda a}{2\varepsilon_0\sqrt{a^2+z^2}}$$

と求められる．

1.6 例題 1.3.3 と前問の結果を用いれば，P 点の電界と電位はそれぞれ

$$E = \frac{\lambda a(z-d)}{2\varepsilon_0\{a^2+(z-d)^2\}^{3/2}} \mp \frac{\lambda a(z+d)}{2\varepsilon_0\{a^2+(z+d)^2\}^{3/2}}$$

$$= \frac{\lambda a}{2\varepsilon_0}\left[\frac{z-d}{\{a^2+(z-d)^2\}^{3/2}} \mp \frac{z+d}{\{a^2+(z+d)^2\}^{3/2}}\right]$$

$$\phi = \frac{\lambda a}{2\varepsilon_0}\left\{\frac{1}{\sqrt{a^2+(z-d)^2}} \mp \frac{1}{\sqrt{a^2+(z+d)^2}}\right\}$$

となる．ここで上の符号は (1) の場合で下の符号は (2) の場合である．

1.7 問 1.5 と演習問題 1 の 1.5 の結果を用いれば，P 点の電界と電位はそれぞれ

$$E = \frac{\lambda b}{2\pi\varepsilon_0(z^2-b^2)} + \frac{\lambda' az}{2\varepsilon_0(a^2+z^2)^{3/2}}$$

$$\phi = \frac{\lambda}{4\pi\varepsilon_0}\log\frac{z+a}{z-a} + \frac{\lambda' a}{2\varepsilon_0\sqrt{a^2+z^2}}$$

となる．

1.8 (1) $Q_1 = -Q$, $Q_2 = Q$

(2) 電界 E は

$$E = \begin{cases} \dfrac{Q}{4\pi\varepsilon_0 r^2} & (r > a) \\ 0 & (b < r < a) \\ \dfrac{Q}{4\pi\varepsilon_0 r^2} & (c < r < b) \\ 0 & (r < c) \end{cases}$$

電位 ϕ は $r > a$ のとき

$$\phi = \int_r^\infty \frac{Q}{4\pi\varepsilon_0 r^2}dr = \frac{Q}{4\pi\varepsilon_0 r}$$

$b < r < a$ のとき

$$\phi = \int_r^a 0\,dr + \int_a^\infty \frac{Q}{4\pi\varepsilon_0 r^2}dr = \frac{Q}{4\pi\varepsilon_0 a}$$

$c < r < b$ のとき

$$\phi = \int_r^b \frac{Q}{4\pi\varepsilon_0 r^2}dr + \int_b^a 0\,dr + \int_a^\infty \frac{Q}{4\pi\varepsilon_0 r^2}dr = \frac{Q}{4\pi\varepsilon_0}\left(\frac{1}{r} - \frac{1}{b} + \frac{1}{a}\right)$$

$r < c$ のとき

$$\phi = \int_r^c 0\,dr + \int_c^b \frac{Q}{4\pi\varepsilon_0 r^2}dr + \int_b^a 0\,dr + \int_a^\infty \frac{Q}{4\pi\varepsilon_0 r^2}dr = \frac{Q}{4\pi\varepsilon_0}\left(\frac{1}{c} - \frac{1}{b} + \frac{1}{a}\right)$$

(3) $Q_1 = -Q$, $Q_2 = 0$

(4) 例題 1.7.2 の結果を用いると

$$C = 4\pi\varepsilon_0 \frac{bc}{b-c}$$

演習問題 1

1.9 O を中心とする半径 r の球面 S 内の電荷の総量 $Q(r)$ は

$$Q(r) = \begin{cases} 0 & (r > a) \\ Q\left(1 - \dfrac{r^3}{a^3}\right) & (r < a) \end{cases}$$

である．S にガウスの法則を適用すると，電界は常に球面に垂直で，その強さは球面上どこでも等しいので

$$\oint_S \boldsymbol{E} \cdot d\boldsymbol{S} = E \oint_S dS = E(4\pi r^2) = \frac{Q(r)}{\varepsilon_0}$$

となる．これから電界は

$$E = \begin{cases} 0 & (r > a) \\ \dfrac{Q}{4\pi\varepsilon_0 r^2}\left(1 - \dfrac{r^3}{a^3}\right) & (r < a) \end{cases}$$

と求められる．電位は $r > a$ のとき

$$\phi = \int_r^\infty 0\, dr = 0$$

また，$r < a$ のとき

$$\phi = \int_r^a \frac{Q}{4\pi\varepsilon_0 r^2}\left(1 - \frac{r^3}{a^3}\right) dr + \int_a^\infty 0\, dr = \frac{Q}{8\pi\varepsilon_0}\left(\frac{2}{r} - \frac{3}{a} + \frac{r^2}{a^3}\right)$$

となる．

1.10 中心軸が同じ半径 r，長さ l の円柱の表面でできる閉曲面を S とすると，S 内の電荷の総量 $Q(r)$ は

$$Q(r) = \begin{cases} 0 & (r > a) \\ \lambda l\left(1 - \dfrac{r^2}{a^2}\right) & (r < a) \end{cases}$$

となる．S にガウスの法則を適用すると，電界は常に側面に垂直で，その強さは側面上ではどこでも等しいので

$$\oint_S \boldsymbol{E} \cdot d\boldsymbol{S} = E \int_{側面} dS = E(2\pi r l) = \frac{Q(r)}{\varepsilon_0}$$

となる．これから電界は

$$E = \begin{cases} 0 & (r > a) \\ \dfrac{\lambda}{2\pi\varepsilon_0 r}\left(1 - \dfrac{r^2}{a^2}\right) & (r < a) \end{cases}$$

と求められる．電位は $r > a$ のとき

$$\phi = \int_r^\infty 0\,dr = 0$$

また，$r < a$ のとき

$$\phi = \int_r^a \frac{\lambda}{2\pi\varepsilon_0 r}\left(1 - \frac{r^2}{a^2}\right)dr + \int_a^\infty 0\,dr = \frac{\lambda}{2\pi\varepsilon_0}\left(\log\frac{a}{r} + \frac{r^2}{2a^2} - \frac{1}{2}\right)$$

となる．

1.11 電子が得る運動エネルギー K は

$$K = \frac{1}{2}mv^2 = eV$$

であるから，これに $e = 1.60 \times 10^{-19}$ [C] と $V = 1$ [V] を代入して

$$K = 1.60 \times 10^{-19} \text{ [J]}$$

1.12 電極間の空間での電界は

$$E = \frac{V}{d}$$

である．電子の鉛直方向の加速度を a とすれば，運動方程式は

$$ma = eE = \frac{eV}{d}$$

となる．これから電子の鉛直方向の速度 v_z は

$$v_z = \frac{eV}{md}t$$

となる．ただし，電子が電極間に入ったときを時刻 $t = 0$ とした．電子が電極間を出る時の時刻を $t = t_0$ とすれば

$$t_0 = \frac{l}{v_0}$$

であるから，$t = t_0$ における電子の鉛直方向の速度は

$$v_z(t_0) = \frac{eV}{md}\frac{l}{v_0} = \frac{eVl}{mdv_0}$$

演習問題 1

となる．これから
$$\tan\theta = \frac{v_z(t_0)}{v_0} = \frac{eVl}{mdv_0^2}$$
が得られる．

1.13 電気容量 C_1 のコンデンサーを電圧 V で充電したとき，C_1 に蓄えられる静電エネルギーは
$$U = \frac{1}{2}C_1 V^2$$
である．これを図 1.45(b) のように接続した，C_1 と C_2 の正の極板上の電荷をそれぞれ Q_1', Q_2' とすれば，
$$Q_1 = C_1 V = Q_1' + Q_2' \tag{1}$$
の関係がある．ここで Q_1 は接続する前に C_1 の正の極板上にある電荷である．接続後は両コンデンサーの両極板間の電圧は等しいので，これを V' とすれば
$$V' = \frac{Q_1'}{C_1} = \frac{Q_2'}{C_2} \tag{2}$$
の関係がある．式 (1) と (2) から
$$Q_1' = \frac{C_1^2}{C_1 + C_2}V, \qquad Q_2' = \frac{C_1 C_2}{C_1 + C_2}V \tag{3}$$
が得られる．したがって，接続後の全体の静電エネルギー U' は
$$U' = \frac{1}{2}Q_1' V' + \frac{1}{2}Q_2' V' = \frac{Q_1'^2}{2C_1} + \frac{Q_2'^2}{2C_1}$$
で与えられる．これに (3) を代入して U' は
$$U' = \frac{C_1^2 V^2}{2(C_1 + C_2)}$$
と求められる．

1.14 (1) 下の極板上の電荷 $-Q$ がその上下の空間につくる電界は例題 1.4.2 の結果から
$$E_1 = \frac{-\sigma}{2\varepsilon_0} = -\frac{Q}{2\varepsilon_0 S}$$
となる．この電界から上の極板上の電荷 Q が受ける力が両極板が引き合う力に等しいので，その大きさ F は
$$F = Q|E_1| = \frac{Q^2}{2\varepsilon_0 S}$$

と求められる.

(2) 一定の力 F を加えて，極板間の距離を $d_2 - d_1$ だけ離すので，これに要する仕事 W は
$$W = F(d_2 - d_1) = \frac{Q^2}{2\varepsilon_0 S}(d_2 - d_1)$$
となる.

(3) 極板間の距離を x とすれば，正の極板上の電荷 Q は
$$Q = CV = \frac{\varepsilon_0 S}{x}V$$
と表される. したがって，極板間に働く力 F は
$$F = \frac{Q^2}{2\varepsilon_0 S} = \frac{\varepsilon_0 S V^2}{2x^2}$$
となる. したがって，極板間の距離を $d_2 - d_1$ だけ離すのに要する仕事 W は
$$W = \int_{d_1}^{d_2} \frac{\varepsilon_0 S V^2}{2x^2} dx = \frac{\varepsilon_0 S V^2}{2}\left(\frac{1}{d_1} - \frac{1}{d_2}\right)$$
と求められる.

1.15 上の極板と板状導体の間隔を d_1，下の極板と板状導体の間隔を d_2 とする. 板状導体を入れると全体として電気容量が $C_1 = \varepsilon_0 S/d_1$ と $C_2 = \varepsilon_0 S/d_2$ の2つのコンデンサーを直列に接続したものと同じくなる. したがって，全体の電気容量 C は
$$\frac{1}{C} = \frac{1}{C_1} + \frac{1}{C_2}$$
の関係から
$$C = \frac{C_1 C_2}{C_1 + C_2} = \frac{\frac{\varepsilon_0 S}{d_1} \frac{\varepsilon_0 S}{d_2}}{\frac{\varepsilon_0 S}{d_1} + \frac{\varepsilon_0 S}{d_2}} = \frac{\varepsilon_0 S}{d_1 + d_2} = \frac{\varepsilon_0 S}{d - t}$$
と求められる. また全体の静電エネルギー U は
$$U = \frac{Q^2}{2C} = \frac{Q^2(d-t)}{2\varepsilon_0 S}$$
となる.

1.16 電界 E に沿って z 軸をとる. O の z 座標を $z = 0$ とすれば，電荷 q と $-q$ の z 座標はそれぞれ $z_1 = (1/2)l\cos\theta$, $z_2 = -(1/2)l\cos\theta$ となる. $\theta = 90°$ の状態

を位置エネルギーの基準にとることは，$z = 0$ を基準点にとることと等しくなるので，電荷 q と $-q$ の位置エネルギーはそれぞれ

$$U_1 = \int_{z_1}^{0} qE\,dz = -qEz_1, \qquad U_2 = \int_{z_2}^{0} qE\,dz = qEz_2$$

となる．したがって、全体の位置エネルギー U は

$$U = U_1 + U_2 = qE(z_2 - z_1) = -qEl\cos\theta$$

となる．これから $\theta = 0$ のときに位置エネルギーが最小になり，最も安定であることがわかる．

2 章の問

問 2.1 例題 2.1.1 の (5) 式から

$$R_2 = R_1 \frac{m_1 l_2^2}{m_2 l_1^2} = 160 \times \frac{0.1 \times (300)^2}{1 \times (100)^2} = 1.4 \times 10^2\ [\Omega]$$

問 2.2 $l = \dfrac{RS}{\rho} = \dfrac{R\pi r^2}{\rho} = \dfrac{50 \times \pi \times (0.5 \times 10^{-3})^2}{1 \times 10^{-6}} = 39\ [\mathrm{m}]$

問 2.3 (6) 式を I について解けば

$$I = \frac{2\pi a B}{\mu_0}$$

となる．これを (5) 式に代入して整理すれば (7) 式が得られる．

問 2.4 いずれの場合にも力は直線導線に垂直で，正方形の中心と角を結ぶ直線に平行である．電流が全て同じ向きに流れる場合には，力は中心を向き，その大きさ F は

$$F = \frac{3\mu_0 I^2}{2\sqrt{2}\pi a}$$

となる．また，1 つおきに逆向きに流れる場合には，力は中心から外向きになり，その大きさ F は

$$F = \frac{\mu_0 I^2}{2\sqrt{2}\pi a}$$

となる．

問 2.5 $\omega_c = \dfrac{qB}{m} = \dfrac{(1.6 \times 10^{-19}) \times 1.0}{1.7 \times 10^{-27}} = 9.4 \times 10^7\ [\mathrm{rad/s}]$

問 **2.6** 磁界がコイルに及ぼす力のモーメントの大きさ N は

$$N = I\pi a^2 B \sin\theta$$

となり，おもりに働く重力のモーメントの大きさ N' は

$$N' = mga\cos\theta$$

となる．つり合いの条件 $N = N'$ からコイルが水平面となす角 θ は

$$\tan\theta = \frac{mg}{I\pi aB}$$

と求められる．

問 **2.7** 1つの辺を流れる電流 I が中心 O につくる磁束密度 B_1 は，例題 2.4.1 の式 (4) で $a \to (\sqrt{3}/6)a$, $\theta_A = 30°$, $\theta_B = 150°$ とすることによって

$$B_1 = \frac{\mu_0 I}{4\pi(\sqrt{3}/6)a}(\cos 30° - \cos 150°) = \frac{3\mu_0 I}{2\pi a}$$

となる．したがって，中心 O での磁束密度 B は

$$B = 3B_1 = \frac{9\mu_0 I}{2\pi a}$$

と求められる．

問 **2.8** 電流が逆向きである場合には，例題 2.4.2 の磁束密度ベクトル $\boldsymbol{B}_B$ の向きが逆になる．したがって，点 P での磁束密度 $\boldsymbol{B}$ は y 軸に平行で，点 O の方を向き，その大きさ B は

$$B = 2B_A \sin\varphi = 2\frac{\mu_0 I}{2\pi\sqrt{a^2+b^2}}\frac{a}{\sqrt{a^2+b^2}} = \frac{\mu_0 Ia}{\pi(a^2+b^2)}$$

となる．

問 **2.9** 中心軸上で任意の点 O から距離 z と $z+dz$ に挟まれた円輪部分を流れる円電流 $i = Indz$ が O につくる磁束密度 dB は，例題 2.4.3 の結果から

$$dB = \frac{\mu_0 i a^2}{2(a^2+z^2)^{\frac{3}{2}}} = \frac{\mu_0 nIa^2}{2(a^2+z^2)^{\frac{3}{2}}}dz$$

で与えられる．ここで a はソレノイドの半径である．O での磁束密度 B は

$$B = \int dB = \int_{-\infty}^{\infty}\frac{\mu_0 nIa^2}{2(a^2+z^2)^{\frac{3}{2}}}dz = \int_0^{\infty}2\frac{\mu_0 nIa^2}{2(a^2+z^2)^{\frac{3}{2}}}dz$$

を計算すれば求められる．積分

$$\int_{-\infty}^{\infty} \frac{1}{(a^2+z^2)^{\frac{3}{2}}} dz$$

は，$z = a\tan\theta$ とおくと

$$\frac{dz}{d\theta} = \frac{a}{\cos^2\theta}$$

であるので

$$\int_0^{\infty} \frac{1}{(a^2+z^2)^{\frac{3}{2}}} dz = \int_0^{\frac{\pi}{2}} \frac{1}{\left(\frac{a}{\cos\theta}\right)^3} \frac{a}{\cos^2\theta} d\theta = \frac{1}{a^2}\int_0^{\frac{\pi}{2}} \cos\theta d\theta = \frac{1}{a^2}$$

のように計算される．O は任意であるから，中心軸上の磁束密度 B は

$$B = \mu_0 n I a^2 \frac{1}{a^2} = \mu_0 n I$$

と求められる．

問 **2.10** 中間点 O から距離 x だけ離れた点での磁束密度は，x 軸正の向きを向き，その大きさ B は

$$B = \frac{\mu_0 I a^2}{2\left\{a^2 + \left(\frac{d}{2}-x\right)^2\right\}^{3/2}} - \frac{\mu_0 I a^2}{2\left\{a^2 + \left(\frac{d}{2}+x\right)^2\right\}^{3/2}}$$

と求められる．この式の右辺を $x=0$ のまわりで展開すると，x の偶数次の項は B が奇関数であるために消えるので

$$B(x) = B'(0)x + \frac{1}{3!}B'''(0)x^3 + \cdots$$

$$= \frac{3\mu_0 I a^2 d}{(a^2+d^2/4)^{5/2}}\left\{x + \frac{5(d^2-3a^2)}{(a^2+d^2/4)^2}x^3 + \cdots\right\}$$

が得られる．

問 **2.11** 電流は一方向に流れているので，ビオ・サバールの法則から磁束密度 B は電流に垂直な平面に平行でなければならない．また，電流と平行な任意の軸のまわりに全体を回転しても状態は変わらないから，平面導体の前後では磁束密度 B の向きが逆にならなければならない．図のように，左右の面が平面導体に垂直で，前後の面が平面導体に平行であるような直方体の表面でできる閉曲面 S に磁束密度に関するガウスの法則を適用する．磁束密度 B を平面導体に平行な成分と

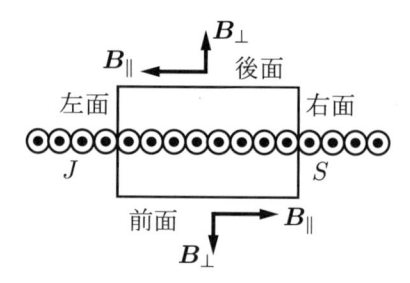

垂直な成分とに分け，$\bm{B} = \bm{B}_{\parallel} + \bm{B}_{\perp}$ のように表す．上下の面では $\bm{B} \perp d\bm{S}$, 左右の面では $\bm{B}_{\perp} \perp d\bm{S}$, そして前後の面では $\bm{B}_{\parallel} \perp d\bm{S}$ であるので

$$\oint_S \bm{B} \cdot d\bm{S} = \int_{\text{左右面}} \bm{B}_{\parallel} \cdot d\bm{S} + \int_{\text{前後面}} \bm{B}_{\perp} \cdot d\bm{S} = 0 \tag{1}$$

となる．左右の面上では平面導体の前と後では $\bm{B}_{\parallel}$ の向きが逆になるので，第 1 項の面積分は 0 になる．したがって，式 (1) は

$$\int_{\text{前後面}} \bm{B}_{\perp} \cdot d\bm{S} = B_{\perp} \times (\text{前面の面積} + \text{後面の面積}) = 0$$

となる．これが成り立つには $B_{\perp} = 0$ でなければならない．これから磁束密度 $\bm{B}$ は電流に垂直な平面と平面導体の両方に平行で，平面導体の前と後では向きが逆になることが示される．

問 **2.12** 例題 2.6.1 の結果を用いる．磁束密度は中心軸に平行であり，その大きさ B は，電流が同じ向きの場合には

$$B = \begin{cases} \mu_0(n_a + n_b)I & (r < a) \\ \mu_0 n_b I & (a < r < b) \\ 0 & (r > b) \end{cases}$$

となり，外側のコイルを流れる電流が逆向きの場合には

$$B = \begin{cases} \mu_0(n_a - n_b)I & (r < a) \\ -\mu_0 n_b I & (a < r < b) \\ 0 & (r > b) \end{cases}$$

となる．

演習問題 2

問 **2.13** 中心軸に垂直な平面内に,中心軸に中心が一致する半径 r の円を考え,これを閉経路 C にとり,アンペールの法則を適用すると

$$\oint_C \boldsymbol{B} \cdot d\boldsymbol{l} = 2\pi r B = \mu_0 I(r) \tag{1}$$

となる.ここで $I(r)$ は C の内側を貫く電流であり

$$I(r) = \begin{cases} \dfrac{r^2}{a^2} I & (r < a) \\ I & (r > a) \end{cases}$$

で与えられる.これを式 (1) に代入すると,磁束密度 B は

$$B = \begin{cases} \dfrac{\mu_0 r I}{2\pi a^2} & (r < a) \\ \dfrac{\mu_0 I}{2\pi r} & (r > a) \end{cases}$$

と求められる.

演習問題 2

2.1 直線導線 AB 上で原点 O から距離 x と $x = dx$ の間の微小領域における磁束密度 $\boldsymbol{B}$ は,z 軸負の向きを向き,その大きさ B は

$$B = \frac{\mu_0 I_1}{2\pi x}$$

で与えられる.したがって,この微小領域を流れる電流素片 $I_2 dx$ に働く力 $d\boldsymbol{F}$ は y 軸正の向きを向き,その大きさ dF は

$$dF = \frac{\mu_0 I_1}{2\pi x} I_2 dx$$

となる.これから直線導線 AB に働く力は y 軸正の向きを向くことがわかり,その大きさ F は

$$F = \int dF = \int_d^{d+l} \frac{\mu_0 I_1 I_2}{2\pi x} dx = \frac{\mu_0 I_1 I_2}{2\pi} \log \frac{d+l}{d}$$

と求められる.

2.2 辺 AB, BC, CD, DA に作用する力をそれぞれ $\boldsymbol{F}_1$, $\boldsymbol{F}_2$, $\boldsymbol{F}_3$, $\boldsymbol{F}_4$ とする.前問の結果から $\boldsymbol{F}_2$ と $\boldsymbol{F}_4$ は直線電流 I_1 に平行で互いに逆を向き,その大きさは

$$F_2 = F_4 = \frac{\mu_0 I_1 I_2}{2\pi} \log \frac{a+d}{d}$$

となる．直線電流 I_1 が辺 AB と CD の位置につくる磁束密度をそれぞれ $\boldsymbol{B}_1$, $\boldsymbol{B}_3$ とすれば，$\boldsymbol{B}_1$ と $\boldsymbol{B}_3$ は紙面に垂直で下を向き，その大きさは

$$B_1 = \frac{\mu_0 I_1}{2\pi d}, \qquad B_3 = \frac{\mu_0 I_1}{2\pi(a+d)}$$

である．したがって，$\boldsymbol{F}_1$ は左向きに働き，$\boldsymbol{F}_3$ は右向きに働く．また，その大きさは

$$F_1 = \frac{\mu_0 I_1 I_2 a}{2\pi d}, \qquad F_3 = \frac{\mu_0 I_1 I_2 a}{2\pi(a+d)}$$

となる．したがって，正方形コイルに働く合力は左側を向き，その大きさは

$$F = F_1 = F_3 = \frac{\mu_0 I_1 I_2 a}{2\pi}\left(\frac{1}{d} - \frac{1}{a+d}\right)$$

となる．

2.3 荷電粒子には，磁界に垂直に大きさ $F = qv_0 B \sin\theta = qv_\perp B$ のローレンツ力が働く．ここで $v_\perp$ は荷電粒子の速度の xy 成分 $\boldsymbol{v}_\perp$ の大きさである．荷電粒子の xy 面内の運動は，方程式

$$m\frac{d\boldsymbol{v}_\perp}{dt} = q(\boldsymbol{v}_\perp \times \boldsymbol{B})$$

に従うので，xy 面内では角振動数 $\omega_c = qB/m$ のサイクロトロン運動を行い，磁界方向には速度 $v_0 \cos\theta$ の等速度運動をする．したがって，荷電粒子の運動は磁界に沿った螺旋運動になる．

2.4 運動方程式は

$$m\frac{d\boldsymbol{v}}{dt} = q(\boldsymbol{E} + \boldsymbol{v} \times \boldsymbol{B}) \tag{1}$$

となる．これを各成分に分けて表すと

$$m\frac{dv_x}{dt} = qv_y B, \tag{2}$$

$$m\frac{dv_y}{dt} = q(E - v_x B), \tag{3}$$

$$m\frac{dv_z}{dt} = 0 \tag{4}$$

となる．(4) を t で積分して $t = 0$ で $\boldsymbol{v} = 0$ という初期条件を用いると，$v_z = 0$ が得られる．(2) と (3) をサイクロトロン角振動数

$$\omega_c = \frac{qB}{m} \tag{5}$$

を用いて表すと

$$\frac{dv_x}{dt} = \omega_c v_y, \tag{6}$$

演習問題 2

$$\frac{dv_y}{dt} = -\omega_c \left(v_x - \frac{E}{B}\right), \tag{7}$$

となる. ここで

$$v'_x = v_x - \frac{E}{B} \tag{8}$$

とおくと, (6) と (7) は

$$\frac{dv'_x}{dt} = \omega_c v_y, \tag{9}$$

$$\frac{dv_y}{dt} = -\omega_c v'_x \tag{10}$$

となる. (10)を t で微分して, (9) を代入すると

$$\frac{d^2 v_y}{dt^2} + \omega_c^2 v_y = 0 \tag{11}$$

が得られる. これは v_y に関する単振動の方程式になっているから, v_y は

$$v_y = A \sin(\omega_c t + \alpha) \tag{12}$$

と表される. ここで A と α は積分定数である. これを (10) に代入すると

$$v'_x = -A \cos(\omega_c t + \alpha) \tag{13}$$

が得られる. したがって

$$v_x = -A \cos(\omega_c t + \alpha) + \frac{E}{B} \tag{14}$$

となる. $t = 0$ で $\bm{v} = 0$ という初期条件を用いると, 積分定数は $A = E/B, \alpha = 0$ と求められる. したがって, 荷電粒子の速度は

$$v_x = -\frac{E}{B} \cos \omega_c t + \frac{E}{B} \tag{15}$$

$$v_y = \frac{E}{B} \sin \omega_c t \tag{16}$$

$$v_z = 0 \tag{17}$$

と求められる. これらを $t = 0$ で荷電粒子は原点にいるという初期条件のもとで解くと, 荷電粒子の座標は

$$x = \frac{E}{B\omega_c}(\omega_c t - \sin \omega_c t) \tag{18}$$

$$y = \frac{E}{B\omega_c}(1 - \cos \omega_c t) \tag{19}$$

$$z = 0 \tag{20}$$

と求められる. 下の図は平面内での荷電粒子の軌跡を表している. このように荷電粒子は電界と磁界の両方に垂直は方向に移動してゆく. (18) と (19) で表される曲線を**サイクロイド** (cycloid) という.

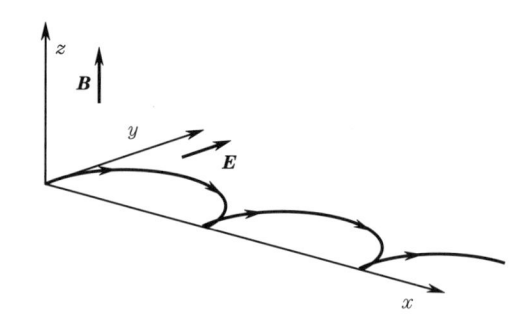

2.5 辺 AB と BC の長さをそれぞれ a, b とする. 辺 BC と DA を流れるに働く力はコイルの回転軸に平行で, 向きが反対であるためにコイルを回転させる力のモーメントをつくらない. 辺 AB と CD に働く力は常にコイル面に垂直に働き, その大きさ F は
$$F = nIaB$$
である. したがって, この力は回転軸のまわりに
$$N = F\frac{b}{2} + F\frac{b}{2} = Fb = nIaBb = nISB$$
の力のモーメントをつくる. これがコイルを支える線がつくる力のモーメント $G\theta$ とつり合うので
$$nISB = G\theta$$
となる. これから回転角 θ は
$$\theta = \frac{nSB}{G}I$$
と求められる.

この原理は電流計や検流計に使われている.

2.6 (1) 円輪上の単位長さ当たりの電荷を λ とすれば, $2\pi a\lambda = q$ であるから $\lambda = q/(2\pi a)$ となる. したがって, 電流 I は
$$I = v\lambda = a\omega\frac{q}{2\pi a} = \frac{\omega q}{2\pi}$$
と求められる. 例題 2.4.3 の結果にこの I を代入して, 中心 O での磁束密度は
$$B = \frac{\mu_0 I}{2a} = \frac{\mu_0}{2a}\left(\frac{\omega q}{2\pi}\right) = \frac{\mu_0 \omega q}{4\pi a}$$
と求められる.

(2) コイルの磁気モーメント M は $M = IS$ で与えられる. この問題の場合

には，M の方向と向きは，中心軸方向で，円輪の回転する向きに右ねじを回したとき，ねじの進む向きである．またその大きさ M は

$$M = I\pi a^2 = \frac{\omega q}{2\pi}\pi a^2 = \frac{1}{2}a^2\omega q$$

である．

(3) 角運動量 L の方向と向きは磁気モーメント M と同じく，その大きさ L は I_0 を円輪の回転軸のまわりの慣性モーメントとすれば $L = I_0\omega$ で与えられる．これに $I_0 = ma^2$ を代入し，ω について解くと

$$\omega = \frac{L}{ma^2}$$

となる．これから磁気モーメントは

$$\boldsymbol{M} = \frac{1}{2}a^2\left(\frac{1}{ma^2}\boldsymbol{L}\right)q = \frac{q}{2m}\boldsymbol{L}$$

のように表される．

(4) 角運動量 $\boldsymbol{L}$ の時間変化を表す式は

$$\frac{d\boldsymbol{L}}{dt} = \boldsymbol{N} = \boldsymbol{M} \times \boldsymbol{B} = \frac{q}{2m}(\boldsymbol{L} \times \boldsymbol{B})$$

となる．磁束密度 $\boldsymbol{B}$ の向きを z 軸正の向きにとり，上の式を各成分に分けて表すと

$$\frac{dL_x}{dt} = \frac{q}{2m}L_y B \tag{i}$$

$$\frac{dL_y}{dt} = -\frac{q}{2m}L_x B \tag{ii}$$

$$\frac{dL_z}{dt} = 0 \tag{iii}$$

となる．(iii) を時間で積分して，$t = 0$ で $\boldsymbol{B}$ と $\boldsymbol{L}$ のなす角が θ であることを用いると

$$L_z = L\cos\theta = \text{一定}$$

が得られる．(i) を t で微分して，(ii) に代入すると

$$\frac{d^2 L_x}{dt^2} = -\left(\frac{qB}{2m}\right)^2 L_x$$

となる．ここで

$$\Omega = \frac{qB}{2m}$$

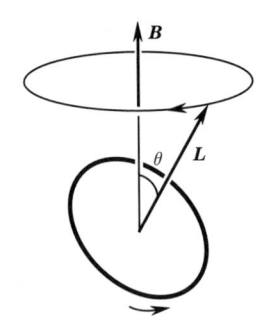

とおけば，
$$\frac{d^2 L_x}{dt^2} + \Omega^2 L_x = 0$$
となり，その解は
$$L_x = A\sin(\Omega t + \alpha)$$
のように表される．ここで A と α は積分定数である．この L_x を (i) に代入すると，L_y は
$$L_y = A\cos(\Omega t + \alpha)$$
と求められる．これから角運動量 L の磁界に垂直な成分は磁界のまわりを角速度 Ω で回転することがわかる．したがって，円輪は図のように，回転軸と磁界とのなす角 θ を一定に保ちながら，回転軸が磁界のまわりを回転するような運動である**歳差運動** (precession) をする．

2.7
$$B = \frac{\mu_0 I}{4\pi ab}\left(a + b + \sqrt{a^2 + b^2}\right)$$
例題 2.4.1 の結果を用いる．上下方向に流れる電流については $\theta_A = 0°$，$\cos\theta_B = -b/\sqrt{a^2 + b^2}$ とし，左右方向に流れる電流については $\cos\theta_A = a/\sqrt{a^2 + b^2}$，$\theta_B = 180°$ とする．

2.8 辺 AB, BC, CD, DA 上を流れる電流が P につくる磁束密度をそれぞれ $\boldsymbol{B}_{\mathrm{AB}}$, $\boldsymbol{B}_{\mathrm{BC}}$, $\boldsymbol{B}_{\mathrm{CD}}$, $\boldsymbol{B}_{\mathrm{DA}}$ とすると，これらの向きは紙面に対して下から上を向く．また例題 2.4.1 の結果を用いると，その大きさはそれぞれ
$$B_{\mathrm{AB}} = \frac{\mu_0 I}{4\pi(a+x)}\left(\frac{b}{\sqrt{(a+x)^2 + b^2}} + \frac{b}{\sqrt{(a+x)^2 + b^2}}\right)$$
$$B_{\mathrm{BC}} = B_{\mathrm{DA}} = \frac{\mu_0 I}{4\pi b}\left(\frac{a+x}{\sqrt{(a+x)^2 + b^2}} + \frac{a-x}{\sqrt{(a-x)^2 + b^2}}\right)$$

演習問題 2

$$B_{\mathrm{CD}} = \frac{\mu_0 I}{4\pi(a-x)}\left(\frac{b}{\sqrt{(a-x)^2+b^2}} + \frac{b}{\sqrt{(a-x)^2+b^2}}\right)$$

となる．したがって，P での磁束密度は紙面に対して下から上を向き，その大きさは

$$B = B_{\mathrm{AB}} + B_{\mathrm{BC}} + B_{\mathrm{CD}} + B_{\mathrm{DA}}$$

$$= \frac{\mu_0 I}{2\pi b}\left(\frac{\sqrt{(a+x)^2+b^2}}{a+x} + \frac{\sqrt{(a-x)^2+b^2}}{a-x}\right)$$

となる．

2.9 一方の直線部分を流れる電流が O につくる磁束密度は紙面に対して下から上を向き，その大きさ B_1 は

$$B_1 = \frac{\mu_0 I}{4\pi a}(\cos 0° - \cos 90°) = \frac{\mu_0 I}{4\pi a}$$

であり，他方の直線部分を流れる電流がつくる磁束密度もこれと同じである．円弧部分を流れる電流が O につくる磁束密度も紙面に対して下から上を向き，その大きさ B_2 は円電流がつくる磁束密度の大きさの $\theta/2\pi$ 倍であるから

$$B_2 = \frac{\mu_0 I}{2a}\frac{\theta}{2\pi} = \frac{\mu_0 I \theta}{4\pi a}$$

となる．したがって，O での磁束密度は紙面に対して下から上を向き，その大きさ B は

$$B = 2B_1 + B_2 = 2\frac{\mu_0 I}{4\pi a} + \frac{\mu_0 I \theta}{4\pi a} = \frac{\mu_0 I}{4\pi a}(2+\theta)$$

となる．

2.10 直線部分を流れる電流が O につくる磁束密度は 0．半円部分を流れる電流が O につくる磁束密度は円電流がつくる磁束密度の半分であるので

$$B = \frac{\mu_0 I}{4a}$$

となる．

2.11 円板上に分布する電荷の面密度 σ は $\sigma = Q/\pi a^2$ である．中心 O から半径 r と $r+dr$ に挟まれた幅 dr の円輪上の電荷 dQ は，円輪部分の面積が $2\pi r dr$ であるので

$$dQ = \sigma(2\pi r dr) = \frac{Q}{\pi a^2}(2\pi r dr) = \frac{2Qr}{a^2}dr$$

となる．演習問題 2.6 の (1) の結果を用いると，角速度 ω で回転する電荷 dQ が中心 O につくる磁束密度の大きさ dB は

$$dB = \frac{\mu_0 \omega dQ}{4\pi r} = \frac{\mu_0 \omega}{4\pi r} \frac{2Qr}{a^2} dr = \frac{\mu_0 \omega Q}{2\pi a^2} dr$$

となる．したがって，O での磁束密度の大きさ B は

$$B = \int dB = \int_0^a \frac{\mu_0 \omega Q}{2\pi a^2} dr = \frac{\mu_0 \omega Q}{2\pi a}$$

となる．

2.12 図 (a) の微小線分 ds 上を流れる電流素片 Ids が O につくる磁束密度 $d\boldsymbol{B}$ は，紙面に対して下から上を向き，その大きさ dB は，ビオ・サバールの法則から

$$dB = \frac{\mu_0}{4\pi} \frac{Ids}{r^2} \sin\theta$$

である．ここで角度 θ は ds と $\boldsymbol{r}$ のなす角である．図 (b) から

$$ds \sin\theta = r d\varphi$$

の関係があることがわかる．これを上式に代入すると

$$dB = \frac{\mu_0 I}{4\pi r} d\varphi$$

となる．これに楕円を表す

$$r = \frac{a}{1 + \varepsilon \cos\varphi}$$

を代入すると

$$dB = \frac{\mu_0 I}{4\pi} \frac{1 + \varepsilon \cos\varphi}{a} d\varphi$$

となる．したがって，原点 O での磁束密度 $\boldsymbol{B}$ は紙面に対して下から上を向き，その大きさ B は

$$B = \int dB = \int_0^{2\pi} \frac{\mu_0 I}{4\pi} \frac{1 + \varepsilon \cos\varphi}{a} d\varphi = \frac{\mu_0 I}{4\pi a} \int_0^{2\pi} (1 + \varepsilon \cos\varphi) d\varphi = \frac{\mu_0 I}{2a}$$

となる．原点 O での磁束密度の値は ε に依らない．

2.13 図のように，極座標で (a, φ) と表される円周上の点を Q とし，Q を始点とする微小線分を ds とする．$\overrightarrow{\mathrm{OP}} = \boldsymbol{r}$，$\overrightarrow{\mathrm{OQ}} = \boldsymbol{r}'$，$\overrightarrow{\mathrm{QP}} = \boldsymbol{R}$ とすれば，ds 部分を流れる電流素片 Ids が P につくる磁束密度 $d\boldsymbol{B}$ は，ビオ・サバールの法則から

$$d\boldsymbol{B} = \frac{\mu_0}{4\pi} \frac{I d\boldsymbol{s} \times \boldsymbol{R}}{R^3}$$

演習問題 2

(a)

(b)

となる．これに
$$\boldsymbol{r} = (r, 0, 0), \qquad \boldsymbol{r}' = (a\cos\varphi, a\sin\varphi, 0)$$
$$d\boldsymbol{s} = (-a\sin\varphi\, d\varphi, a\cos\varphi\, d\varphi, 0)$$
$$\boldsymbol{R} = \boldsymbol{r} - \boldsymbol{r}' = (r - a\cos\varphi, a\sin\varphi, 0)$$

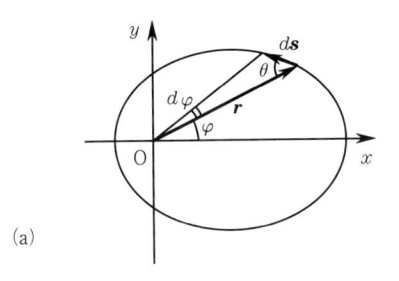

を代入すると，$d\boldsymbol{B}$ の各成分は
$$(dB)_x = \frac{\mu_0 I}{4\pi R^3}\{(ds)_y R_z - (ds)_z R_y\} = 0$$
$$(dB)_y = \frac{\mu_0 I}{4\pi R^3}\{(ds)_z R_x - (ds)_x R_z\} = 0$$
$$(dB)_z = \frac{\mu_0 I}{4\pi R^3}\{(ds)_x R_y - (ds)_y R_x\} = \frac{\mu_0 I a}{4\pi R^3}(a - r\cos\varphi)d\varphi$$

となる．これから P での磁束密度は z 軸方向を向くことがわかる．$r \gg a$ のときには
$$R = \sqrt{r^2 - 2ra\cos\varphi + a^2} \approx r\sqrt{1 - \frac{2a}{r}\cos\varphi} \approx r\left(1 - \frac{a}{r}\cos\varphi\right)$$

と近似できるので，$1/R^3$ は
$$\frac{1}{R^3} \approx \frac{1}{r^3\left(1 - \dfrac{a}{r}\cos\varphi\right)^3} \approx \frac{1}{r^3}\frac{1}{1 - \dfrac{3a}{r}\cos\varphi} \approx \frac{1}{r^3}\left(1 + \frac{3a}{r}\cos\varphi\right)$$

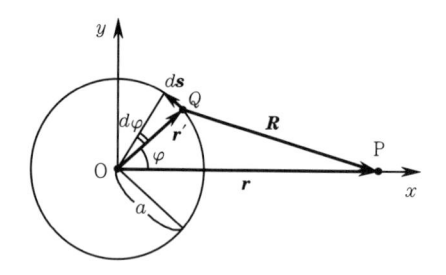

のように近似できる．したがって，P での磁束密度の z 成分は

$$B_z = \int dB_z = \int_0^{2\pi} \frac{\mu_0 Ia}{4\pi r^3}\left(1 + \frac{3a}{r}\cos\varphi\right)(a - r\cos\varphi)d\varphi = -\frac{\mu_0 Ia^2}{4r^3}$$

と求められる．

2.14 (1) 中心軸に垂直な断面内で，中心軸から半径 r と $r+dr$ の間に挟まれた面積 $2\pi rdr$ 部分を流れる電流 dI は

$$dI = J(r)(2\pi rdr) = 2\pi J \frac{a^2 - r^2}{a^2} r\,dr$$

と表される．したがって，導体を流れる電流の総量 I は

$$I = \int dI = \int_0^a 2\pi J \frac{a^2 - r^2}{a^2} r\,dr = \frac{2\pi J}{a^2}\int_0^a (a^2 - r^2)r\,dr = \frac{\pi Ja^2}{2}$$

と求められる．

(2) 中心軸から半径 r の内側を流れる電流を $I(r)$ とすれば，$r < a$ のときには

$$I(r) = \int_0^r 2\pi J \frac{a^2 - r'^2}{a^2} r'\,dr' = \frac{2\pi J}{a^2}\int_0^r (a^2 - r'^2)r'\,dr' = \frac{\pi J}{2a^2}(2a^2 - r^2)r^2$$

となり，$r > a$ のときには

$$I(r) = \frac{\pi Ja^2}{2}$$

である．磁束密度ベクトルは，円柱導体と同心円の関係にある円の接線方向を向いている．半径 r の円一周についてアンペールの法則を適用すると

$$\oint \boldsymbol{B}\cdot d\boldsymbol{l} = 2\pi rB(r) = \mu_0 I(r)$$

となる．これに上の $I(r)$ を代入すると，磁束密度の大きさ $B(r)$ は

$$B(r) = \frac{\mu_0}{2\pi r}I(r) = \begin{cases} \dfrac{\mu_0 J}{4a^2}(2a^2 - r^2)r & (r < a) \\[2mm] \dfrac{\mu_0 Ja^2}{4r} & (r > a) \end{cases}$$

と求められる．

演習問題 2

2.15 中心軸から半径 r の内側を流れる電流 $I(r)$ は

$$I(r) = \begin{cases} \dfrac{r^2}{a^2}I_1 & (r < a) \\[6pt] I_1 & (a < r < b) \\[6pt] I_1 + \dfrac{r^2 - b^2}{c^2 - b^2}I_2 & (b < r < c) \\[6pt] I_1 + I_2 & (r > c) \end{cases}$$

となる．磁束密度ベクトルは，円柱導体と同心円の関係にある円の接線方向を向いている．半径 r の円一周についてアンペールの法則を適用すると

$$\oint \boldsymbol{B} \cdot d\boldsymbol{l} = 2\pi r B(r) = \mu_0 I(r)$$

となる．これに上の $I(r)$ を代入すると，磁束密度の大きさ $B(r)$ は

$$B(r) = \dfrac{\mu_0}{2\pi r}I(r) = \begin{cases} \dfrac{\mu_0 I_1}{2\pi a^2}r & (r < a) \\[6pt] \dfrac{\mu_0 I_1}{2\pi r} & (a < r < b) \\[6pt] \dfrac{\mu_0}{2\pi r}\left(I_1 + \dfrac{r^2 - b^2}{c^2 - b^2}I_2\right) & (b < r < c) \\[6pt] \dfrac{\mu_0}{2\pi r}(I_1 + I_2) & (r > c) \end{cases}$$

と求められる．

2.16 磁束密度は O を中心とする円の接線方向を向き，その大きさ $B(r)$ は一つの円上ではどこでも等しい．O を中心とする半径 r の円一周についてアンペールの法則を適用すると

$$\oint \boldsymbol{B} \cdot d\boldsymbol{l} = 2\pi r B(r) = \begin{cases} \mu_0 NI & (R - a < r < R + a) \\ 0 & (\text{その他}) \end{cases}$$

となる．これから磁束密度の大きさ $B(r)$ は

$$B(r) = \begin{cases} \dfrac{\mu_0 NI}{2\pi r} & (R - a < r < R + a) \\ 0 & (\text{その他}) \end{cases}$$

と求められる．$R \gg a$ のときには，コイル内の磁束密度は
$$B = \frac{\mu_0 NI}{2\pi R}$$
のように近似することができる．

2.17 問 2.11 の結果から，磁束密度 B は電流に垂直で平面導体に平行である．また，全体を電流のまわり $180°$ に回転しても状態は変わらないので，平面導体の前後では B の向きが逆になる．図のように，平面内に電流を含むように長方形の閉曲線 ABCD をとり（AB は平面導体に平行で，AB の長さが l），これにアンペールの法則を適用すると
$$\oint \bm{B} \cdot d\bm{l} = \mu_0 Jl \tag{1}$$
となる．ここで線積分は図の矢印の向きに行う．線積分を各辺に分けて行うと，BC と DA 上では $\bm{B} \perp d\bm{l}$ となるので，線積分の値は 0 になる．したがって，式 (1) は
$$\oint \bm{B} \cdot d\bm{l} = \int_{\mathrm{AB}} \bm{B} \cdot d\bm{l} + \int_{\mathrm{CD}} \bm{B} \cdot d\bm{l} = 2\int_{\mathrm{AB}} \bm{B} \cdot d\bm{l} = 2Bl = \mu_0 Jl$$
となる．これから磁束密度
$$B = \frac{\mu_0 J}{2}$$
と求められる．これが正の値であるので，磁束密度 B の向きは，x 軸の正の側では y 軸正の向きを向き，x 軸の負の側では y 軸負の向きを向くことがわかる．

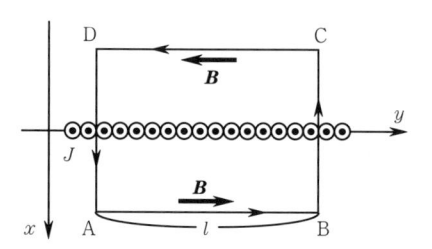

2.18 2 つの平面導体の外側では，z 軸正の向きと負の向きに流れる電流がつくる磁束密度が打ち消し合うので，磁束密度は 0 になる．これに対して，2 つの平面導体に挟まれた空間では，z 軸正の向きと負の向きに流れる電流がつくる磁束密度が重ね合わさるので，磁束密度の大きさは $B = \mu_0 J$ となる．またその向きは y 軸正の向きを向く．

3 章の問

問 3.1 例題 3.1.1 を参考にすると，誘導起電力 $V^{(i)}$ は
$$V^{(i)} = -\pi a^2 B\omega \cos(\omega t + \alpha)$$
と求められる．ここで α は時刻 $t = 0$ での θ の値である．

問 3.2 三角形閉回路の中心 O を通り，直線導線に垂直に x 軸をとる．直線導線から x だけ離れた点での磁束密度 B は
$$B = \frac{\mu_0 I}{2\pi x}$$
である．したがって，閉回路内で直線から x と $x+dx$ の間の面積 $(2/\sqrt{3})x\,dx$ の部分を貫く磁束 $d\Phi$ は
$$d\Phi = \frac{\mu_0 I}{2\pi x}\frac{2}{\sqrt{3}}x\,dx = \frac{\mu_0 I}{\sqrt{3}\pi}\,dx$$
と表される．これから閉回路を貫く磁束 Φ は
$$\Phi = \int d\Phi = \int_0^{\frac{\sqrt{3}}{2}a} \frac{\mu_0 I}{\sqrt{3}\pi}\,dx = \frac{a\mu_0 I}{2\pi} = \frac{a\mu_0 I_0}{2\pi}\sin\omega t$$
と求められる．閉回路に生ずる誘導起電力 $V^{(i)}$ は
$$V^{(i)} = -\frac{d\Phi}{dt} = -\frac{a\mu_0 I_0 \omega}{2\pi}\cos\omega t$$
と求められる．

問 3.3 $L = \mu_0 n^2 l\pi a^2 = (4\pi \times 10^{-7}) \times 2000^2 \times 0.1 \times \pi \times (3 \times 10^{-3})^2 = 1.4 \times 10^{-5}$ [H]

問 3.4 自己インダクタンス L は
$$L = \mu_0 n^2 l\pi a^2 = (4\pi \times 10^{-7}) \times 200^2 \times 0.1 \times \pi \times (2 \times 10^{-2})^2 = 6.31 \times 10^{-6} \text{ [H]}$$
磁気エネルギー W は
$$W = \frac{1}{2}LI^2 = \frac{1}{2} \times (6.31 \times 10^{-6}) \times 20^2 = 1.3 \times 10^{-3} \text{ [J]}$$

問 3.5 コイルの自己インダクタンスは $L = 9.87 \times 10^{-6}$ [H]．最大電流 I_0 は
$$I_0 = \sqrt{\frac{C}{L}}V = \sqrt{\frac{1}{9.87 \times 10^{-6}}} \times 1000 = 3.2 \times 10^5 \text{ [A]}$$
最大磁束密度 B_0 は
$$B_0 = \mu_0 n I_0 = (4\pi \times 10^{-7}) \times 500 \times 3.2 \times 10^5 = 200 \text{ [T]}$$

問 **3.6** 周期が $T = 2\pi/\omega = 2\pi\sqrt{LC}$ であることから

$$L = \frac{T^2}{4\pi^2 C} = \frac{(10 \times 10^{-3})^2}{4\pi^2 \times 0.1} = 2.5 \times 10^{-5} \text{ [H]}$$

問 **3.7**

$$\begin{aligned}B_0 &= \frac{\mu_0 \varepsilon_0 V_0 \omega r}{2d} \\ &= \frac{(4\pi \times 10^{-7}) \times (8.854 \times 10^{-12}) \times 200 \times (2\pi \times 50) \times (1 \times 10^{-2})}{2 \times (2 \times 10^{-3})} \\ &= 1.7 \times 10^{-12} \text{ [T]}\end{aligned}$$

問 **3.8** ガウスの定理を用いて，磁束密度 B の面積分を $\operatorname{div} B$ の体積積分に変換すると

$$\oint_S B \cdot dS = \int_V \operatorname{div} B \, dV = 0$$

となる．これから

$$\operatorname{div} B = 0$$

が導かれる．

問 **3.9** ストークスの定理を用いて，磁束密度 B の線積分を $\operatorname{rot} B$ の面積分に変換すると

$$\oint_C B \cdot dl = \int_S \operatorname{rot} B \cdot dS = \mu_0 \int_S \left(J + \varepsilon_0 \frac{\partial E}{\partial t} \right) \cdot dS$$

となる．この第 2 項と 3 項が等しいことから

$$\operatorname{rot} B = \mu_0 \left(J + \varepsilon_0 \frac{\partial E}{\partial t} \right)$$

が導かれる．

問 **3.10** 式 (3.72) の関係を用いると

$$E \cdot B = E_x B_x + E_y B_y = E_x \left(-\frac{E_y}{c} \right) + E_y \left(\frac{E_x}{c} \right) = 0$$

となるので，E と B は直交する．

問 **3.11** $c = \dfrac{1}{\sqrt{\varepsilon_0 \mu_0}} = \dfrac{1}{\sqrt{(8.854187817 \times 10^{-12}) \times (4\pi \times 10^{-7})}}$
$= 2.99792458 \times 10^8 \text{ [m/s]}$

問 **3.12** $\lambda = \dfrac{c}{\nu} = \dfrac{2.99792458 \times 10^8}{9 \times 10^9} = 3.33 \times 10^{-2} \text{ [m]}$

演習問題 3   183

問 **3.13** $B_0 = \dfrac{E_0}{c} = \dfrac{1.01 \times 10^3}{2.99792458 \times 10^8} = 3.33 \times 10^{-6}$ [T]

問 **3.14** 電磁波の強度は

$$\langle S \rangle = \frac{1}{2}\sqrt{\frac{\varepsilon_0}{\mu_0}}E_0^2 = \frac{1}{2}\sqrt{\frac{8.854187817 \times 10^{-12}}{4\pi \times 10^{-7}}}(1.0 \times 10^{-2})^2 = 1.33 \times 10^{-7} \text{ [W/m}^2\text{]}$$

また進行方向に垂直な面積 4.0 [m²] を 1 分間に通過する電磁波のエネルギー W は

$$W = \langle S \rangle \times 4.0 \times 60 = 3.18 \times 10^{-5} \text{ [J]}$$

となる.

演習問題 3

3.1 $|V^{(i)}| = vBl = \dfrac{1000 \times 10^3}{60 \times 60} \times (3.6 \times 10^{-5}) \times 50 = 0.5$ [V]

3.2 (1) O から距離 x と $x+dx$ の間の微小部分に生ずる誘導電界は O から P に向き,その大きさ $E^{(i)}$ は

$$E^{(i)} = vB = x\omega B$$

となる.これから微小部分の両端に生ずる誘導起電力 $dV^{(i)}$ は

$$dV^{(i)} = E^{(i)}dx = B\omega x dx$$

となる.棒の両端に生ずる誘導起電力 $V^{(i)}$ は,これを x で積分することによって

$$V^{(i)} = \int dV^{(i)} = \int_0^l B\omega x dx = \frac{1}{2}B\omega l^2$$

と求められる.
(2) OP が時間 t の間に掃く磁束 Φ は

$$\Phi = BS = B\left(\pi l^2 \frac{\omega t}{2\pi}\right) = \frac{1}{2}B\omega l^2 t$$

となる.これを t で微分すると

$$\frac{d\Phi}{dt} = \frac{1}{2}B\omega l^2$$

となり,(1) で求めた値に一致する.

(3) $V^{(i)} = \dfrac{1}{2}B\omega l^2 = \dfrac{1}{2} \times 1 \times 100\pi \times 1^2 = 50\pi = 1.6 \times 10^2$ [V]

3.3 コイルを貫く全磁束 Φ は

$$\Phi = nB(\pi a^2)$$

となる．$B = B_0 \sin 2\pi\nu t$ とすれば，誘導起電力 $V^{(i)}$ は

$$V^{(i)} = -\frac{d\Phi}{dt} = -n\pi a^2 B_0 (2\pi)\nu \cos 2\pi\nu t$$

となる．したがって，その振幅 V_0 は

$$V_0 = 2\pi^2 a^2 n B_0 \nu$$

となる．これから磁束密度の振幅 B_0 は

$$B_0 = \frac{V_0}{2\pi^2 a^2 n \nu}$$

と求められる．

3.4 コイルを貫く磁束 Φ と生ずる誘導起電力 $V^{(i)}$ は以下のようになる．ここで起電力が正の場合には，その向きは ABCDA の向きであり，負の場合には ADCBA の向きである．

$t < 0$ のとき
 $\Phi = 0 \quad V^{(i)} = 0$

$0 < t < a/v$ のとき
 $\Phi = Bbvt \quad V^{(i)} = -Bbv$

$a/v < t < l/v$ のとき
 $\Phi = Bba \quad V^{(i)} = 0$

$l/v < t < (l+a)/v$ のとき
 $\Phi = Bb(a+l-vt) \quad V^{(i)} = Bbv$

$t > (l+a)/v$ のとき
 $\Phi = 0 \quad V^{(i)} = 0$

3.5 例題 2.4.4 の結果からヘルムホルツコイル中心での磁束密度の大きさは，コイルの巻数が n であることを考慮すると

$$B = \frac{\mu_0 n I a^2}{(a^2 + a^2/4)^{3/2}} = \frac{8\mu_0 n I}{5\sqrt{5}a}$$

となる．コイルは両方で $2n$ 回巻かれているので，コイルを貫く全磁束 Φ は

$$\Phi = 2nB(\pi a^2) = \frac{16\pi \mu_0 n^2 I a}{5\sqrt{5}}$$

演習問題 3

となる．これと $\Phi = LI$ の関係から，コイルの自己インダクタンス L は

$$L = \frac{16\pi\mu_0 n^2 a}{5\sqrt{5}}$$

と求められる．

3.6 (1) 演習問題 2.16 の結果からトロイダルコイル内部の磁束密度の大きさは，$R \gg a$ のとき

$$B = \frac{\mu_0 NI}{2\pi r} \approx \frac{\mu_0 NI}{2\pi R}$$

と表される．これからコイルを貫く全磁束 Φ は

$$\Phi = NB(\pi a^2) = N\frac{\mu_0 NI}{2\pi R}\pi a^2 = \frac{\mu_0 N^2 a^2 I}{2R}$$

となる．自己インダクタンス L は $\Phi = LI$ の関係から

$$L = \frac{\mu_0 N^2 a^2}{2R}$$

と求められる．
(2) 磁気エネルギー W は

$$W = \frac{1}{2}LI^2 = \frac{1}{2}\frac{\mu_0 N^2 a^2}{2R}I^2 = \frac{\mu_0 N^2 a^2 I^2}{4R}$$

と求められる．
(3) 磁界中に蓄えられる単位体積当たりのエネルギー w は

$$w = \frac{B^2}{2\mu_0} = \frac{1}{2\mu_0}\left(\frac{\mu_0 NI}{2\pi R}\right)^2 = \frac{\mu_0 N^2 I^2}{8\pi^2 R^2}$$

である．トロイダルコイル内部の体積 V は $V = 2\pi R(\pi a^2) = 2\pi^2 R a^2$ であるから，磁界中に蓄えられるエネルギー W は

$$W = wV = \frac{\mu_0 N^2 I^2}{8\pi^2 R^2}2\pi^2 R a^2 = \frac{\mu_0 N^2 a^2 I^2}{4R}$$

と求められ，(2) で求めた値に一致する．

3.7 直列の場合には，両コイルを流れる電流 I は共通であり，$V^{(i)} = V_1^{(i)} + V_2^{(i)}$ の関係があるから

$$V^{(i)} = V_1^{(i)} + V_2^{(i)} = -L_1\frac{dI}{dt} - L_2\frac{dI}{dt} = -(L_1 + L_2)\frac{dI}{dt} = -L\frac{dI}{dt}$$

となり，合成自己インダクタンス L は

$$L = L_1 + L_2$$

となる.

並列の場合には, $V^{(i)} = V_1^{(i)} = V_2^{(i)}$ の関係がある. コイル 1 と 2 を流れる電流をそれぞれ I_1, I_2 とすれば

$$V^{(i)} = -L\frac{dI}{dt} = -\frac{d(LI)}{dt} = V_1^{(i)} = -L_1\frac{dI_1}{dt} = -\frac{d(L_1 I_1)}{dt}$$

$$= V_2^{(i)} = -L_2\frac{dI_2}{dt} = -\frac{d(L_2 I_2)}{dt}$$

となり, これから

$$LI = L_1 I_1 = L_2 I_2$$

の関係が得られる. これと $I = I_1 + I_2$ から

$$I = \frac{L}{L_1}I + \frac{L}{L_2}I$$

の関係が得られる. これから合成自己インダクタンス L は

$$\frac{1}{L} = \frac{1}{L_1} + \frac{1}{L_2}$$

となる.

3.8 直線から距離 x の点での磁束密度の大きさ B は, 例題 2.4.1 の結果から

$$B = \frac{\mu_0 I}{2\pi x}$$

で与えられる. 長方形コイル内で直線から距離 x と $x + dx$ の間の部分を貫く磁束 $d\Phi$ は

$$d\Phi = B b dx = \frac{\mu_0 b I}{2\pi x}dx$$

となる. したがって, 長方形コイルを貫く磁束 Φ は

$$\Phi = \int d\Phi = \int_d^{a+d} \frac{\mu_0 b I}{2\pi x}dx = \frac{\mu_0 b I}{2\pi}\log\frac{a+d}{d} = \frac{\mu_0 b I_0}{2\pi}\log\frac{a+d}{d}\sin\omega t$$

と求められる. また, 長方形コイルに生ずる誘導起電力 $V^{(i)}$ は

$$V^{(i)} = -\frac{d\Phi}{dt} = -\frac{\mu_0 b I_0 \omega}{2\pi}\log\frac{a+d}{d}\cos\omega t$$

となる.
相互インダクタンスを M とすると, $\Phi = MI$ あるいは $V^{(i)} = -M(dI/dt)$ の関係があるので, M は

$$M = \frac{\mu_0 b}{2\pi}\log\frac{a+d}{d}$$

と求められる.

演習問題 3

3.9 コイルの中心にできる磁束密度の大きさ B は，例題 2.4.3 の結果から

$$B = \frac{\mu_0 n_1 I}{2a}$$

と表されるので，コイル 2 を貫く全磁束 Φ は

$$\Phi = n_2 B(\pi b^2) = \frac{\mu_0 \pi n_1 n_2 b^2 I}{2a}$$

となる．したがって，コイル 2 に生ずる誘導起電力 $V^{(i)}$ は

$$V^{(i)} = -\frac{d\Phi}{dt} = -\frac{\mu_0 \pi n_1 n_2 b^2 I_0 \omega}{2a} \cos \omega t$$

となる．また，相互インダクタンスを M とすると，$\Phi = MI$ の関係から，M は

$$M = \frac{\mu_0 \pi n_1 n_2 b^2}{2a}$$

と求められる．

3.10 内側のコイルに電流 I_1 を流すと，$R \gg a$ なので，コイル内の磁束密度の大きさ B は

$$B = \frac{\mu_0 N_1 I_1}{2\pi R}$$

と表される．内側のコイル内に生ずる磁束全てが外側のコイルを貫くので，外側のコイルを貫く全磁束 Φ_2 は

$$\Phi_2 = N_2 B(\pi a^2) = N_2 \frac{\mu_0 N_1 I_1}{2\pi R} (\pi a^2) = \frac{\mu_0 N_1 N_2 a^2}{2R} I_1$$

となる．相互インダクタンスを M とすれば，$\Phi_2 = MI_1$ の関係があるので，M は

$$\frac{\mu_0 N_1 N_2 a^2}{2R}$$

と求められる．

3.11 中心軸に垂直な面内に，中心が中心軸と一致する半径 r の円 C を考える．円 C の内側を貫く電流 $I(r)$ は

$$I(r) = \begin{cases} 0 & (r < a) \\ I & (a < r < b) \\ 0 & (r > b) \end{cases}$$

となる．磁束密度 $\boldsymbol{B}$ は円筒状導体と同心円の関係にあるので，この円 C にアンペールの法則を適用すると

$$\oint_C \boldsymbol{B} \cdot d\boldsymbol{l} = 2\pi r B(r) = \mu_0 I(r)$$

となる．これに上で求めた $I(r)$ を代入すると，磁束密度の大きさ B は

$$B(r) = \begin{cases} 0 & (r < a) \\ \dfrac{\mu_0 I}{2\pi r} & (a < r < b) \\ 0 & (r > b) \end{cases}$$

と求められる．すなわち，2 つの円筒に挟まれた空間にのみ磁束密度は存在する．この空間内で，半径 r と $r + dr$ の円筒に挟まれた長さ l の部分に蓄えられる磁気エネルギー dW は

$$dW = \frac{B^2}{2\mu_0} l(2\pi r dr) = \frac{1}{2\mu_0}\left(\frac{\mu_0 I}{2\pi r}\right)^2 l(2\pi r dr) = \frac{\mu_0 l I^2}{4\pi r} dr$$

と表される．したがって，長さ l の部分に蓄えられる磁気エネルギー W は

$$\int dW = \int_a^b \frac{\mu_0 l I^2}{4\pi r} dr = \frac{\mu_0 l I^2}{4\pi} \log \frac{b}{a}$$

と求められる．

3.12 例題 3.5.1 の結果から，変位電流によって極板間につくられる磁束密度は，円形極板と同心円の関係にあり，その値 B は

$$B = \frac{\mu_0 \varepsilon_0 V_0 R \omega}{2d} \cos \omega t$$

で与えられる．したがって，トロイダルコイルを貫く全磁束 Φ は

$$\Phi = NB\frac{\pi d^2}{4} = \frac{\mu_0 \varepsilon_0 N d V_0 R \omega \pi}{8} \cos \omega t$$

となる．これからトロイダルコイルに生ずる誘導起電力 $V^{(i)}$ は

$$V^{(i)} = -\frac{d\Phi}{dt} = \frac{\mu_0 \varepsilon_0 N d V_0 \omega^2 R \pi}{8} \sin \omega t = \frac{\mu_0 \varepsilon_0 N d \omega^2 R \pi}{8} V$$

と求められる．

演習問題 3

3.13 電荷 q が原点につくる電界 $\boldsymbol{E}$ は x 軸に平行で,その値 E は

$$E = -\frac{q}{4\pi\varepsilon_0 x^2}$$

となる.ここで $x = x_0 + a\sin\omega t$ である.すなわちは x 軸負の向きを向く.原点での変位電流密度 $\boldsymbol{J}_D$ は x 軸に平行で,その値 J_D は

$$J_D = \varepsilon_0 \frac{\partial E}{\partial t} = -\frac{q}{4\pi}\left(-\frac{2}{x^3}a\omega\cos\omega t\right) = \frac{qa\omega}{2\pi x^3}\cos\omega t$$

と求められる.

3.14 レーザー光の強度 $\langle S \rangle$ は

$$\langle S \rangle = \frac{10 \times 10^{-3}}{\pi \times (1 \times 10^{-3})^2} = \frac{10}{\pi} \times 10^3 \ [\text{W/m}^2]$$

である.したがって,電界の振幅 E_0 は

$$E_0 = \sqrt{2\langle S \rangle}\left(\frac{\mu_0}{\varepsilon_0}\right)^{1/4}$$

$$= \sqrt{2 \times \left(\frac{10}{\pi} \times 10^3\right)}\left(\frac{4\pi \times 10^{-7}}{8.854187817 \times 10^{-12}}\right)^{1/4} = 1.5 \times 10^3 \ [\text{V/m}]$$

と求められる.

索　引

あ　行

アンペールの法則　64, 91, 95
ウェーバー [Wb]　89
遠隔作用論　9
円偏光　131
オーム　67
　　―法則　67

か　行

外積　72
ガウスの定理　125, 142, 144
ガウスの法則　1
重ね合わせの原理　5
可視光　105
γ 線　105
極座標　141
近接作用論　9
クーロン　2
　　―の法則　4
　　―力　1-3, 64
コイルの磁気モーメント　78
交流　65
コンデンサーの電気容量　1, 47

さ　行

サイクロトン運動　77
サイクロトン角振動数　77
磁荷　64
磁界　64
磁界のエネルギー　118
磁気エネルギー　118
自己インダクタンス　115
自己誘導　115
磁束　72, 88
　　―線　87
　　―密度　64, 71
磁束密度
　　―に関するガウスの法則　89
磁束密度に関するガウスの法則　124
真空の透磁率　71
真空の誘電率　4
ストークスの定理　126, 144, 146
静磁界　64
静電エネルギー　52
静電気力　2
静電遮蔽　43
静電誘導　40
接地　43

索　引

線積分　27
線素片ベクトル　27
相互インダクタンス　115
相互誘導　115
ソレノイド　96

た　行

帯電　1, 2
楕円偏光　131
直線偏光　131
直達説　9
直流　65
定常電流　64, 65
テスラ　72
電圧　30
電位　1, 28
電位差　30
電荷　1, 2
電界　1, 8
　　—に関するガウスの法則　22, 124
　　—のエネルギー　55
電荷の保存則　3
電気双極子　37
電気双極子モーメント　38
電気素量　2
電気抵抗　67
電気抵抗率　68
電気伝導率　68
電気容量　47
　　—の合成　48
電気力線　11

電気力束　17
電磁波　105, 127
　　—のエネルギー　133
　　—の強度　133
　　—の速さ　129
電磁誘導　105, 107
　　—の法則　105
電束電流　122
点電荷　3
電波　105
電流　64, 65
　　—素片　71
　　—密度　66
導体　1, 38
等電位線　31
等電位面　30
トロイダルコイル　103

は　行

媒達説　9
波動方程式　129
ビオ・サバールの法則　64, 81
光の速さ　129
ファラデー　105
　　—の法則　107, 124
ファラド [F]　47
フレミングの左手の法則　73
平衡状態　39
ベクトルの外積　139
ベクトルの回転　125
ベクトルの発散　125

ヘルツ 122
ヘルムホルツコイル 86
変位電流 122
偏微分 36
ヘンリー 115
ポインティングベクトル 133
ボルト 29

ま 行

マイクロ波 105
マックスウェル・アンペールの法則
　　　122, 125
マックスウェルの方程式 105, 125
面積分 19
面素片ベクトル 19

や 行

誘導起電力 107
誘導電界 107, 112
誘導電流 107

ら 行

レンツの法則 107
ローレンツ力 73
ローレンツ変換 124

著者紹介

田中　秀数
（た　なか　ひで　かず）

1980年	東京工業大学理学部物理学科卒業
1982年	東京工業大学大学院理工学研究科物理学専攻修士課程修了
1983年	Hahn—Meitner 研究所客員研究員
1986年	東京工業大学理学部助手
1986年	理学博士（東京工業大学）
1990年	名古屋大学教養部助教授
1994年	上智大学理工学部助教授
1996年	東京工業大学理学部助教授
2002年	同 極低温物性研究センター教授
2006年	同 大学院理工学研究科教授
2016年	同 理学院教授
2022年	同 名誉教授
2022年	同 イノベーション人材養成機構特任教授

Ⓒ　田中秀数　2000

2000年12月5日　初版発行
2024年10月21日　初版第21刷発行

基礎物理学課程入門コース
電　磁　気　学

著　者　田　中　秀　数
発行者　山　本　　　格

発行所　株式会社　培　風　館
東京都千代田区九段南4-3-12・郵便番号102-8260
電話(03)3262-5256(代表)・振替 00140-7-44725

中央印刷・牧 製本
PRINTED IN JAPAN

ISBN978-4-563-02312-6　C3342